5G時代大未來

利用大數據打造智慧生活與競爭優勢

顏長川

有感的智慧新世界

中華電信(股)公司 執行副總兼技術長

林國豐

　　顏長川先生在本書的〈有感的智慧新世界〉章節中，對我們資通訊業的描述相當的傳神：傳統的電信業（電話、手機……等）加上現代的電腦業（PC、NB、Tablet... 等）成 為 資 通 訊 業（Information and Communication Technology，簡稱 ICT）；透過網際網路，加入媒體業，整合線上線下，形成「數位匯流」的現象；再加入金融業，將各項服務寫成 App 放進手機，把智慧手機變成純網銀，隨處嗶一下就可「行動支付」，用「金融科技」（FinTech）實現「普惠金融」；現代的電信公司已是電信業、電腦業、媒體業和金融業的綜合體。

　　顏長川先生係中華電信前董事長鄭優所聘請之董事長室資深顧問，負責公司之經營管理相關業務之諮詢，到任不到五個月就在「2017 年 MOD 全力衝刺 200 萬戶誓師大會」上提出專案報告，奠定大家達標的信心，其專業口吻讓人誤以為是資通訊業的多年資深專業人士。再經過四個

月提出「透過整合，創造綜效」的專案：客戶是我們的上帝、KYC 是我們的天職、付款帳單是我們的成績單、知識庫、人才庫是我們的兩大寶藏、Hami Pay／Point 是我們的兩項戰略武器、STB（單一平台）是我們的一顆核子彈……等經營重點，好像是中華電信多年之資深員工。再兩個月後於年底的策勵營報告「透過閱讀和訓練，重塑新中華電信人」：One CHT、New CHTer 的概念；並於 2018 年執行一年讀 52 本書的「中華電信讀書 M 計畫」和 15 梯次的「新中華電信人 3 天菁英訓練」。顏資深顧問曾跟我說他「好像在水泥地上播種」，讓我聽了心有戚戚焉！最讓我印象深刻的是顏資深顧問離開中華電信之前依然精力旺盛地向全體中華電信的高階主管報告：「新中華電信人 從頭做起」，殷殷期盼「策略轉型，三年有成」；真是一個有始有終的「當責」資深顧問，也是我非常敬佩的一位永不服輸的智者！

　　和長川兄共事的這幾年，他辦公室和我只差一層樓，每遇到一些比較技術性的議題，他總是來「煩」我打破砂鍋問到底，弄懂了之後，他還要以他的話再講一次給我聽，而經過他的「解譯」，一些專業、「尊貴」的科技名詞往往又變得淺顯易懂，接上地氣，這是讓我佩服的一點。長川兄讀書不倦，並且樂於分享，他在中華電信有

一個每週一次的直播活動，每週選定一本財經企管方面的書，由他提出讀書心得報告和找人對談，並且利用當紅的直播技術分享出來並且和觀眾即時互動，連農曆春節也沒中斷，一年總共分享了 52 本書，毅力驚人！也真正驗證了這個活動的口號：「一週一書，永不服輸」。他生動、精闢的分析與分享，總是獲得許多回響，而更厲害的是當中顯現出來的熱情，發揮非常大的感染力，讓我覺得長川兄簡直比金庸筆下的老頑童周伯通還要可愛，這是讓我敬佩的第二點。

長川兄很擅長用最通俗的話把最專業的事說得連老先生、老太太都聽得懂，他將 5G 時代的智慧生活描繪得像科幻小說般，各行各業的每個人都應人手一冊，我很樂意為他的這本書說幾句話！

用想像力擁抱 5G！

光寶科技智能生活與應用事業群　總經理

陽廷瑞

　　這本書來得正是時候，在 5G 即將全球遍地開花之際，我的人生教練與好友——顏長川先生，推出了以 5G 未來生活爲中心的好書。顏先生擁有 40 年豐富紮實的金融、經營管理顧問、電信等多元領域的卓越成功經驗，由他來闡釋 5G 時代大未來，最適合不過。當我收到此書文稿時，迫不及待立即拜讀，閱畢之後，深覺獲益良多，並且打通了自己對 5G 展望的任督二脈，更迫不及待想要將此書推薦給所有人。

　　本書以深入淺出的方式，完整而有系統地介紹 5G 與物聯網（IOT）、人工智慧（AI）、大數據（Big Data）、雲端（Cloud）、邊緣運算（Edge Computing）、裝置（Device）的生態系（Ecosystem）關係，以形成智慧新世界。讓消費者可以在智慧國家、智慧城市、智慧社區、智慧家庭過智慧生活。而各個企業也都在找尋未來 5G 的新商業模式、新產品、新服務，以滿足 5G 新時代之消費者

需求。

此外，本書亦關注數位經濟下的熱門議題，包括：注意力經濟、內容行銷、網紅商機與金融科技（Fintech），因此本書非常適合企業中各階層人士閱讀，透析 5G 新時代與我們的關係，及如何因應 5G 所帶來的變革與衝擊。

個人過去在資通訊（ICT）、物聯網（IOT）、人工智慧（AI）、及電信數位匯流（Digital Convergence）領域有 20 多年的工作經驗。若您是業界人士，建議可由本書第一章圖 1.1 的 Ecosystem，找出貴公司因應 5G 時代的策略方向，定義公司在價值鏈的位置及未來的戰場，找出並建立競爭優勢，並訂出可行計劃、商業模式、產品及服務。個人就是用此方式，為公司找到在 5G 大未來中公司的定位、方向及作法。若您是對 5G 有興趣的人士，建議亦可由圖 1.1 的 Ecosystem，了解 5G 整體的發展脈絡，再順著章節順序逐一閱讀，體會 5G 大未來的智慧生活新風貌，必定讓您對未來 5G 智慧生活心嚮往之。

5G 大未來的智慧生活會是如何？「想像力的境界」是唯一的限制；藉由閱讀本書，讓我們乘著想像力的翅膀，翱翔在 5G 大未來的宇宙天際中，人類未來的生命體驗，將因 5G 而更加多采多姿及豐富圓滿。讓我們一起拭目以待！

得 5G 者得天下！

政治大學資訊管理教授 / EMBA 商管聯盟召集人

楊建民

　　長川兄任職中國信託銀行 25 年，期間親歷個金、法金、國際金融、證券、駐外等各重要部門歷練，爾後轉換跑道，擔任哈佛企管管理雜誌總編輯及專任講師；2017 年再應邀擔任中華電信董事長室資深顧問。長川兄新作《5G 時代大未來》分享經營智慧、企管實務以及生活體驗，有助於各行各業各層級的人員，在 5G 大環境衝擊下，如何 SMART 生活且延年益壽！

　　本書以 5G 為中心，用 A~Z 26 個英文字母，向外展開 5G 衍生出來的技術和行業，由第一層 ABCDEFGH 代表 AIoT、Big data、Cloud computing、Devices、Edge computing、FinTech、Gamification、Health Tech 等八大領域，建構出一個具有語境感知、處理以及感應能力的有感（SENSE：Sensing 感 應、Efficient 效 率、Networked 網 路 化、Specialized 專業化、Everywhere 無所不在）的智慧新世界；再擴展到第二層 I~Z 形成 5G 的大生態系（Ecosystem）。

20 世紀的醫療界致力於消滅疾病、拯救生命，而 21
世紀則轉向著重於人類身心的強化升級和延年益壽；運用
AI、物聯網等 ICT 技術打造的「醫療 4.0」（智慧醫療），
透過機器學習巨量資料分析，能降低病人風險、提升醫療
品質，進而由「精準醫療」（病後復健）走向為「精準健康」
（病前預防），再加上「基因檢測與改造」，未來不無可
能讓人人可活至 150 歲；然而，一旦人類進入了超老齡社
會，我們又將面臨什麼樣的問題與困境呢？

　　2020 年即將進入 AI 結合 5G 世代，機器人加上 AI 的
深度機器學習，將變得無所不能，而進一步的顛覆各行各
業；從取代削麵、做漢堡、沖泡手搖飲料、點餐、結帳支
付等簡單技能的例行工作者，到替換精通醫療診斷、投資
理財、放款核貸等複雜決策的醫師、律師及銀行員等的白
領知識工作者。AI SMART everything 對仍在職場中的我
們，到底是敵是友？究會受益還是受害呢？

　　AI 結合 5G「萬物互聯」，也將成為國之「大腦」；
透過「刷臉」不僅可辨識身分，未來甚至可抓取到人的「微
表情」（micro-expression），進而能夠測謊，掌控個人的
心思和行為，讓任何人的一言一行都無所遁逃；AI+5G 將
成為數位極權國家老大哥監控老百姓的「天網」，自由民
主世界能相否因應抗衡，還在未定之天？值此美中兩強爭

奪未來世紀霸權、掀起貿易大戰、深化科技冷戰、劍指華
為 5G、圍堵數位極權國家之際，我們能不明辨慎思乎！

虛擬實境 vs. 真實人生

前金管會委員

前東吳大學金融科技中心執行長

蔡宗榮

　　長川兄大作自序中的一段話，把 5G 的美麗新世界說得天花亂墜，令人心嚮往之；5G 不僅是概念，不再是技術，而是可以活用的解方；簡單地說就是自動工廠、無人商店、無人機（車）、擴增 / 虛擬實境、遠距手術、精準醫療……等將一一出現；更接地氣地說：「一部 2 小時的 HD 電影只要 3 秒鐘就可下載完成」。

　　4G 的「互聯網＋」已經對各行各業帶來各種巨大的衝擊：互聯網＋商務＝ e-commerce，讓許多實體店家，包括知名的百貨公司關門大吉；互聯網＋社群＝ social media platform，讓許多平面媒體成為艱苦行業；互聯網＋金融 =FinTech，讓矽谷搶食華爾街的午餐。平台經濟活動逐漸成為日常生活的主流，一支手機就可以搞定生活的全部：日常聯繫用社群媒體 APP、電子郵件在手機上完成收發、隨時隨地可以進行視訊會議、轉帳用行動銀行、訂餐用送

餐平台、購物用電商平台、到店家購物用行動支付……您的手機就像神燈巨人，爲您完成所有的服務。

4G 的「互聯網＋」讓手機成爲十倍速時代的神燈巨人，同時也提供自駕車、遠距醫療、自動化工廠、智慧城市、智慧家庭等前所未有的服務；這些項目在技術上都已經有長足的進展，然而，受限於網路的速度、頻寬、時延（latency）等限制，要精進到實用可靠的階段，仍有如睡美人等待王子的深情一吻。5G 百倍速時代的來臨，讓 4G 的睡美人甦醒，與王子過著幸福快樂的生活。

長川兄以其淵博學識，加上在中華電信擔任資深顧問的兩年實際歷練，在本書中道盡 5G 美麗新世界的各種燦爛遠景。我個人比較保守地提醒兩點：第一，5G 時代萬物聯網，微型基地台遍及各處，資安風險的防範更加複雜與困難；第二，5G 的美景固然十分光輝燦爛，但萬物聯網的基礎在於共同規格的制定，從基礎建設到應用產品，2020 年能夠都到位嗎？

期待美麗新世界不是虛擬實境，而是眞實人生。

5G 世代 × 智慧老人

好合顧問（股）公司　董事總經理
張幼恬

　　著名國際實境培訓團體鷹揚公司（Eagle Flight）有一款著名的「沙漠淘金」活動，是廣受企業界喜愛，培訓主管深深著迷的實境團體研習。該活動是一項真人實境的「寶山探險活動」，有如是電影「野蠻遊戲」的現實人生版。為了能順利的在活動挑戰中，獲得「成果的極大化」，規則中，提供了一位智慧老人的角色，團員可以在出發前向智慧老人發問，取得與活動決勝有關的訊息，至於所獲的訊息對團隊「有用？或無用？」就看團隊成員如何判斷與處理訊息。訊息的價值，不是在於有沒有得到，而是在於如何適切的運用！

　　顏長川老師著作等身，是一位保持閱讀、著作、分享習慣，認真投入的專業顧問。顏老師自哈佛企管顧問公司退休後，不但退而不休，更且是一路領先的走入直播的先河，開始了「智慧老人」的一週一書，永不服輸的領域。在短短的閱讀分享中，顏老強調給他十五分鐘，為你找出

三個書中學習點，提出三個活用觀念，外加可能影響一生的一句話！這種用心與投入，不但成為日常，更因為被聘為中華電信董事長室資深顧問後，開啟了企業內學習的實證！在現代挑戰一浪一浪，變化一波一波來臨的企業環境中，我們深處險惡環境下的探險隊伍，非常需要「智慧老人」的協助，才能夠在現實中，取得生命「成果的極大化！」

如今，「5G+4K」的時代已在面前，「新五四運動」不是新生活規則與白話文，而是技術科技全面翻轉的時代，其潛藏的影響，甚至是引發美國川普總統一意啟動中美貿易戰的原因之一。究其實，很多人是聽過，但沒有心理準備知道，真實究竟是什麼？在信息的大海中，也沒有人能夠重新學習發現其中的面貌。因此，只有隨意的找一些懶人包安慰自己好像抓到時代的新知！帶著懶人包就要闖入「5G+4K」的叢林，那不只是誤闖的小白兔，恐怕將在叢林中，任人宰殺與奪取利益！

所以，我們非常需要「智慧老人」提供我們豐富的信息，我們有顏長川老師這位智慧老人，提供了關鍵的信息：

第一章　5G 的百倍速時代來了！
第二章　有感的智慧新世界

本書處處值得細讀，最緊要的是，每章都有一個由「智慧老人」整理的表格，可以統合該章的系統內容，我們又可以將書中篇章，以著作閱讀，也能轉成爲有用的工具書！例如：表 1.1「5G 的大生態系」就將 5G 的關鍵生態，由字母 A~Z 的表述，實在是作者嘔心瀝血之作，全書各章都有這種菁華！

　　請記得，智慧老人已提供我們大數據時代的新知與信息，如何獲得最大的用處，還有賴我們運用「IT 到 DT」的轉變精神，讓我們一起掌握顏長川老師「智慧老人」的信息，一起活到 150 歲！

　　我是數位時代的蠻荒一族，得見此書，如獲至寶，忝爲之序！

張幼恬 2019/12/24 耶誕夜

大數據變巧生活
（從 Big Data 到 Smart Life）

　　大家都說：「2019 年是 5G 元年！而 2020 年 5G 將瘋狂進入商轉，全球會有 170 多家電信商提供各類的 5G 商用服務」；意思是說資通信技術已進展到第五代（5G），具有「高頻寬、低時延、廣連結」三大特性，為跨領域、全方位、多層次的產業深度融合提供支撐，充分釋出數據化應用，全面展開「新經濟、新科技、新人才、新製造、新服務」。5G 不僅是概念，不再是技術，而是可以活用的解方；簡單地說就是自動工廠、無人商店、無人機（車）、遠距手術、精準醫療……等將一一出現；更接地氣的說：「一部 2 小時 HD 電影只要 3 秒鐘就可下載完成」、「達文西手術下刀精準可少流 80% 的血」或「很多宅男都幻想要有一具比林志玲還美的高 EQ 機器人……等」。

　　電信業因電腦的加入，早已變成資通信業，而「數位匯流」和「數位金融」兩大趨勢的出現，將促使資通信業

成為「跨界混合、異業結盟」的大生態（5G 的 A~Z）；本書對此一「現象」有詳盡的描述，尤其是以 5G 為中心，圍繞在第一圈的八大行業。人工智慧（AI）和物聯網（IoT）結合成（AIoT），透過大數據（Big Data）及雲端（Cloud）和邊緣（Edge）運算，形成一個有感（SENSE）的智慧新世界；消費者將在智慧國家的智慧城市的智慧家庭過智慧生活，集團企業、中小企業、小微企業或新創企業，大家都在找 SMART 商業模式。

「數位匯流」的重點在匯流，不在數位，它的出現讓中華電信 MOD 起死回生；OTT 影音串流天王 Netflix 趁勢崛起，強強聯手（MOD+Netflix），引發有線電視的剪線潮，在客廳施展吸睛大法，形成影視新五四（5G+4K）運動。「直播」風行，只要敢秀，人人都是自媒體，已有人立志要當「網紅」去搶食 8,000 億元的商機；傳統行銷手法數位化，大家都說內容為王，而消費者是上帝。遊戲業曾是次文化，從電腦轉進桌上（桌遊），再鑽進手機（手遊），如今已成全民運動；華麗轉身為「電競業」且獲各國運動協會肯定，將列為正式比賽項目；打電競的小孩不但不會變壞，還可當選國手為國爭光，成為新台灣之光；例如 10 歲男童吳比獲 2019 寶可夢世界錦標賽兒童組冠軍，人人以他為榮。

「數位金融」的重點在數位，不在金融；金融科技（FinTech）是一門顯學，e化和m化把手機變「電子錢包」讓「行動支付」暢通無阻，「隨」經濟和「嗶」經濟形成「無現金社會」；消費者用手機隨處嗶一下，就可透過「純網銀」完成「普惠金融」的神聖使命。任何事情只要加上AI就會變聰明（SMART everything），讓人人嚮往過智慧生活。但AI是敵？是友？機上盒、智慧音箱、萬能小機器人，何者將成為智慧生活的八大需要（食衣住行育樂＋醫養）的妙管家兼好幫手？某生物學家提出這樣的觀點：「人的自然壽命是150~200歲」；想長壽的人要戒菸、戒酒、戒數位癮；防失智以對抗帕金森氏症和阿茲海默症兩大天敵；紓壓並同時注重醫療養生，追求醫療4.0的精準健康，「你可以活到150歲」不再是天方夜譚。

　　如果說4G是「十倍速時代」，5G是「百倍速時代」，那麼6G就是「千倍速時代」。這將是個「加零」的「競速」時代，勢必造成天翻地覆的千變萬化，「從負到正（From No to Yes；N2Y）」的轉正心態、「把變化（Changes）帶來的挑戰（Challenges）視同機會（Chances）」的新3C觀念和「能跨敢變夠快」的六字箴言是求生之道，「建立瞬間競爭優勢」是當務之急，如此才能成為職場贏家（Winner）。本書專為在5G的大環境下，受到數位

匯流和數位金融衝擊的各利害關係人或想要長命百歲過 SMART 生活的各行各業的 CEO、各級主管和部屬而寫。

我有機會應鄭優前董事長之邀，擔任中華電信董事長室資深顧問，適逢資通信業從 4G 進到 5G 的時代，除協助各相關單位突破 MOD 200 萬用戶外，還力主投資純網銀、發展 Hami Pay 及 Hami Points；執行 52 次「2018 年中華電信讀書 M 計畫」直播，並進行 15 梯次的「新中華電信人 3 天菁英訓練」，使各級主管都變成新經理人（New Manager），奠定中華電信 3 年策略轉型的基礎，朝基業長青的幸福企業邁進。本書算是資深顧問的體驗式報告，供有識之士參考。

目錄

目錄

目錄

第一章

5G 的百倍速時代來了！

卡達的電信業者歐蕾朵（Ooredoo）搶到世界的頭香，於 2018 年 6 月 14 日推出國際電信聯盟 3GPP 認定的第一個國際 5G 標準。卡達的創新心法：「只做唯一，不爭其他」（Only One rather than No.One, never mind No.Two or Me Too.）值得借鏡。大家都認定 2019 年是 5G 元年，得 5G 者得天下；全球「5G」世代的商戰即將提早開打，南韓首爾可能是全球第一個 5G 商用地區（2018 年 12 月 1 日）。每個職場中人都在擔心會成為 5G 世代下的受益者或受害者？大家都一頭栽進物聯網的世界，想把一切可以連線的東西全部連結起來。有人開玩笑地說：「即將過著在老大哥監控下的裸奔生活！」難怪高通執行長莫倫科夫（Steve Mollenkopf）會說：「5G 將成為人類發明電力以來最重要的事」。

((•)) 嶄新體驗，全面覺醒

美國高通公司（Qualcomm）可說是國際公認的 5G 之父，曾發表一份《5G 經濟》研究報告：「2035 年，台灣的 5G 科技將創造 1,350 億美元的產值，帶來 51 萬個工作機會……」高通衝著台灣有好人才、好產業，決定 2019 年 1Q 在新竹成立「台灣營運與製造工廠暨測試中心」（COMET）。「G」代表的是「世代」，5G 就是第五代行動通訊技術，

從 1982 年的第一代（1G）起至即將到來的 2020 年的第五代（5G），平均約每 10 年就一個世代。5G 還沒塵埃落定，就已經有人在鼓吹 6G 了，在高科技的發展路途上永無止境且愈來愈加速，消費者因有嶄新體驗而全面覺醒！

5G 在技術上因為採用「點對點」的獨立通道方式，即使有多人同時使用，也不用去「搶網路」而造成塞車現象；因為使用高頻寬，可讓數百億個物聯網裝置（2020 年 750 億個）順利傳輸運轉，並顯出高網速、低延遲的特性。因為低成本、低功耗，使萬物相連傳輸無限量數據成為可能；因為自動化、無人化的多元運用帶來極大的便利，使人人都能在「智慧城市」、「智慧家庭」中過著「智慧生活」。歸納起來，5G 的三個特性如下：⑴增強型行動寬頻（enhanced Mobile Broad Band，簡稱 eMBB），可用於提高資料速率和減少延遲；⑵大規模機器型通訊（massive Machine Type Communication，簡稱 mMTC），透過使用者追求人與人間的通信體驗；⑶高可靠性與低延遲通訊（ultra Reliable and Low Latency Communication，簡稱 uRLLC），適用於工廠自動化、自動駕駛和遠端手術……等。

智慧城市中一些較大型的基礎設施（如街燈、建築）中所使用的物聯網設備，並不需要像手機一樣的快速網路。低功耗、廣泛的覆蓋以及穩定的連接，能更好地和遠

處設備交換數據，每次更換電池也許就可以用上幾年或者更長的時間（日本希望一顆鈕扣電池讓裝置可使用 10 年）。在享受 5G 的各種特點的同時，消費者必須要有心理準備，能夠換一隻支援 5G 網路的折疊式、多鏡頭、有 3D 感測、能機器學習的智慧手機，更貴的網路資費是免不了的，而因為傳輸距離短和繞射能力差的問題，必須直接對現有 4G 基地台進行升級，鋪天蓋地布滿 5G 的小基地台（Small Cell），否則很容易收不到訊號。而網路愈強，風險愈大，全球資安戰爭可能一觸即發！

((¡·)) 5G 大生態系，影視新五四

　　5G 技術可說是一國的「大腦」，也可以看作是一個推動跨產業數位化轉型升級的高科技的「平台」；資通信業面臨 5G 的五大挑戰：⑴傳輸如何突破物理上的限制？⑵邊緣運算怎麼實現？⑶小型基地台要涵蓋到什麼地方？⑷值得花數千億元的投資去競標頻譜嗎？⑸製造業思維如何轉為服務導向？未來，5G 不再只是電信業的事情，必須展開各項垂直應用服務；台哥大重新定位自己為「科技公司」，遠傳則自稱為「數位服務公司」，中華電信自許為「數位經濟發動機，創新產業領航員」。以 5G

為中心衍生出來的技術和行業⋯⋯等，用 26 個英文字母向外展開的第一層 ABCDEFGH 所代表的意思是 AIoT、Big data、Cloud computing、Devices、Edge computing、FinTech、Gamification、HealthTech；第二層 I~Z 外圍構成5G 的大生態系（如附圖及附表）：人工智慧＋物聯網、大數據、雲端、邊緣運算、金融科技、遊戲化電競、健康科技⋯⋯等 26 種，可說琳瑯滿目，美不勝收。

圖 1.1　5G 的 A~Z（Ecosystem）

I：ICO	R：RFID
J：JIC	S：SDN
K：KYC	T：Telemedicine
L：Latency	U：uRLLC
M：mMTC	V：VR/AR
N：NFV	W：W.D.
O：OSS	X：Xhaul
P：Patent	Y：Y Combinator
Q：QR Code	Z：ZOOM

資料整理：顏長川

　　影視圈人士把第五代通訊技術（5G）＋ 4,000 像素（4K）稱為「影視新五四運動」，其實是影視內容 100% 數位化後，進入「數位匯流」的時代；內容為王，且從單

向變雙向、從有線變無線、從大螢幕變小螢幕、從單一視窗變多視窗、從平面變 3D、從 HD 變 4K、從 4K 變 8K、從有線電視變網路電視……等。最重要的是消費者拿回收視的自主選擇權，愛看什麼？怎麼看？何時看？何地看？悉聽尊便；消費者的七情六慾、一舉一動全記錄在機上盒裡，一台智慧手機在手，可 24 小時「追劇」，頻道商可以為你量身訂製網劇，不用再看它千遍的《唐伯虎點秋香》。你還可「秒殺」購物，頻道商除了收視費外，還可收到廣告費；資通信業者除了爭設「最後一哩」（光纖）外，還必須再埋下「單一平台」的核子彈（機上盒），才能牢牢鎖住消費者。想想看，出門在外可先使用手機透過 Hami Video 輕鬆觀賞不錯過，回到家裡躺在客廳沙發打開 MOD，透過 65 吋 / 4K 螢幕，用嘴巴就可感受如臨現場的世足賽或國際藝文直播，是多麼愜意的一件事！

電視螢幕從 HD 到 4K 已是一大躍進，4K 節目的豔麗色彩和細膩畫面，只要看它一眼就回不去了；若再從 4K 推進到 8K，那更是匪夷所思！聽說 4K 的畫質，肉眼已分辨不出，除了極尖端的醫療或品質……等特殊需求外，還真不知道 8K 要幹嘛？手機用得到嗎？一般電腦用得到嗎？但想用就會用到不夠用。硬體技術規格陸續到位成熟後，可能就會想用來拍攝儲存 8K 影片，然後嫌 15TB 不夠用呢！在 5G

時代，夏普（SHARP）的 8K 技術剛好可派上用場，而手機機器人（RoBoHon）會更友善和萬能；不久的將來，每個人應該都會有一台能當手機用的萬能小機器人。相信郭台銘先生現在是滿腦子的（5G+8K），而手上拿的是（RoBoHon）吧！供應鏈相關業者必須兼顧產品設計、應用材料、組裝生產及終端應用等環節，才有機會贏得 5G 商機。

((·)) 跨界混搭，異業結合

　　據專家估計：5G 會比想像中更快來臨，一些早期的 5G 裝置會有天線接收訊號問題，而且可能會很耗電；用戶與社交網站和雲的關係也可能會改變，晶片的效能可能大幅提升，全球與區域的 5G 設計尚待解決，速度和可靠性將是 5G 的大賣點（下載速度和 1~2 毫秒的延遲），新應用案例會引起眾人的興趣。5G 將無所不在，但 4G 也將擴大。一般的技術人員面對 5G 革命，都努力朝著 5G 標準、小基地台及相關的智慧財產權等方向去發展；使各種新科技不斷地演進、突破和融合。高通將有關的 5G 技術移到台灣研發，希望能讓台灣的廠商可以賺到「Time to market」的錢。

　　5G 最重要的五大運用是 AI、物聯網、車聯網、SmartHome 和 VR/AR；張忠謀先生認為其中的物聯網（Internet of Thing，簡稱 IoT）是件即將發生的大事（next big thing）。而 IoT 的前五大創新服務為智慧製造、零售、醫療、能源和運輸，因此受惠的產業有媒體、娛樂、汽車、公共運輸、醫療衛生、數位經濟、金融科技、行動支付及能源公用事業……等。各行各業都必須做好「跨界混搭，異業結合」的心理準備。德國率先提出「工業 4.0」的概念，日本接著喊出「社會 5.0」，中國有「製造 2025 年」的口號，台灣則有「五加二產業」的前瞻產業政策。

機器人加上自我深度機器學習而來的人工智慧，從削麵、做漢堡、沖泡手搖飲料、點餐、結帳支付……等簡單功能，變成無所不能，並且朝著標準化、規模化、網路化、智能化和客製化的方向發展；將準備顛覆各產業，其中以例行化工作將成為取代的首批汰換族群，SOP 的作業流程將會完全被機器人取代。有朝一日你會發現：「我的服務生不是人！」5G 的資料傳輸量是 4G 的 1,000 倍、速度是100 倍，基地台和光纖用量是 16 倍，簡直是「錢坑」。5G的重要性不在技術而在應用；AI+5G 讓 IoT 的應用，從雲端走向邊緣（edge）後至終端，加速智慧應用的普及。2020年日本東京奧運可以期待 AI+IoT+5G 活靈活現的盛況。

5G 來了，6G 還會遠嗎

悲觀的人總會說些風涼的洩氣話：「5G 只是比 4G

快一點而已？碰到壞天氣，訊號的減弱程度比 4G 還要嚴重，進入隧道就掛了，萬物相連的安全缺口易引起資安疑慮？」有心之士自我警惕：「台灣過去在 4G 世代落後，這次不能再輕忽 5G 之發展！」5G 設備及網路建設的投資動輒上千億元，而 4G 投資成本尚未回收，電信三雄一年賺的錢只夠蓋一個 5G 網路；4G 已是紅海，而 5G 在五年內賺不了錢，但台灣不能不發展 5G，只好來一個務實的政策急轉彎：「是否蓋一條高速網路，大家來合資、合建、共網、共頻、共租、共享……」

行動通信技術一代一代的演進升級，漸漸形成這樣一個模式：「當一代進入商用階段時，另一代馬上接著啟動研究，期間約 10 年」；因此，中國、美國、俄羅斯、歐盟等國家和地區現已展開 6G 概念的研究，一點也不為過。英國電信集團（BT）首席網絡架構師麥克雷（Neil McRae）認為 6G 是在 5G 基礎上，集成衛星網路搭載高速光纖、奈米天線等，達成更高速率的衛星通信網路，最快網速可達 100 Gbps，下載速度可達每秒 1TB，促進物聯網的發展，解決「人與人、人與物、物與物」的聯繫，實現「上窮碧落下黃泉」的全球覆蓋，達到「萬物皆相聯」的境界。商用時間表在 2030 年，有識之士感慨地說：「6G 之後可能就是無 G 世代了。」

表 1.1　5G 大生態系

字母	代號及原文	中文譯名	備　註
A	AIoT=AI+IoT Artificial Intelligence+Internet Of Things	智能物聯網	人工智慧＋物聯網
B	Big Data Just For You	大數據	reference data（代碼） 精準行銷、智能零售
C	Cloud computing	雲端運算	共用軟硬體資源和資訊
D	Devices	終端設備	數位經濟及隨經濟下的設備 電視、電腦、平板、手機等
E	Edge computing	邊緣運算	分散式運算加速資料處理
F	FinTech	金融科技	企業運用科技使金融服務更 有效率
G	Gamification	遊戲化	遊戲設計項目和遊戲原則在 非遊戲環境中的應用
H	HealthTech	健康科技	比爾·蓋茲、巴菲特、貝佐 斯都看好的醫療產業
I	ICO Initial Coin Offering	虛擬通貨初次發行	誰需要誰付帳搶先付有差別 費率
J	JIC Joint Innovation Center	聯合創新中心	亞馬遜網路服務＋新北市
K	KYC Know Your Customer	了解你的顧客	餐廳留客戶要知口味
L	Latency	延遲性	瞬間下載影片
M	mMTC massive Machine Type Communication	大規模機器型通訊	使用者體驗追求人與人間的 通信體驗
N	NFV Network Function Virtulization	網路功能虛擬	模組化、多租戶簡化、自動 化、減少成本
O	OSS Open source software	開放原始碼軟體	一種原始碼可以任意取用的 電腦軟體

字母	代號及原文	中文譯名	備　註
P	Patent	專利權	在有限的時間內（約 20 年）排他製造、使用等權利
Q	QR Code Quick Response Code	快速響應矩陣圖碼（二維條碼）	快速讀取和更大的儲存資料容量
R	RFID Radio Frequency Identification	無線射頻辨識	通過無線電訊號識別特定目標並讀寫相關數據
S	SDN Software Defined Networking	軟體定義網路	控制網路流量的新方案
T	Telemedicine	遠端醫療	利用電信和資訊技術從遠處提供臨床保健
U	uRLLC Ultra Reliable Low Latency Communication	超高可靠與低延遲通訊	適用于工廠自動化自動駕駛和遠端手術
V	VR / AR Virtual Reality / Augmented Reality	虛擬實境 / 擴增實境超級頭盔有身歷其境效果	在一個現實空間中加入一個虛擬物件
W	W.D. Wearable devices	穿戴式設備	技術或電腦被納入可佩戴在身上的服裝和配件
X	XhaulFront/Mid/Back haul	一個泛歐專案	確保智慧手機使用者可靠、不間斷和非常高速
Y	YC Y Combinator	一個初創公司的孵化器	一個初創公司新兵訓練營新一代企業家的導師
Z	ZOOM Project Zero-touch Orchestration, Operations & Management	ZOOM 專案零接觸業務、營運和管理	支援 NFV 和 SDN 的技術

資料整理：顏長川

第二章

有感的智慧新世界

數位浪潮來襲，未來 5 至 10 年，即將進入「智慧一切」（SMART everything）的新世界。就像 10 多年前，任何東西加上「奈米」兩個字就能賣；任何公司加上「科技」兩個字股票就大漲；未來的任何人事物加上「智慧」兩個字就身價百倍。當大數據公開分享、人工智慧可自我深度機器學習得更聰明、萬物皆連上網時，所有的終端設備（手錶、戒指、眼鏡、汽車、桌子、房子……等）都已智慧化；而演算法從雲端而邊緣再到量子，萬能小機器人將取代智慧手機。5G 商用化使數位分身效率大增，會帶來「智慧新世界」；企業區塊鏈的應用建立數位信任，AR/VR 的沉浸式體驗讓生活更智慧，智慧家庭、智慧社區、智慧城鄉和智慧國家上下兩頭發展；難怪 2019 MWC 的 Slogan 會這樣說：「Welcome to the Era of Intelligent Connectivity.」。

((·)) 「大數據」是新生產要素

　　目前，全球手機普及率已超過100%，天天與繁星似的基地台連線，創造出天文數字的資料，可媲美「宇宙大爆炸」（Big Bang）。據專家估計：每年數據的數量都會以 50% 的速率翻倍成長，平均每分鐘會產生 2.04

億封 emails、240 萬則訊息貼上 FB、72 小時的影片上傳 YouTube 中、21.6 萬張新照片 Instagram 上……等；「大」已不足以形容數據的數量，「海量」也不夠看，只有「無限量」差可比擬。2020 年，數據的產值約 98.3 億美元，平均年複合成長率 26%。試想如果未來一個人擁有的電腦設備超過現在全球計算能力的總和，一個人產生的數據量超過現在全球數據量的總和，世界會發生什麼呢？就取決於你的「想像力」。

有價值的數據應具備 3 個 V 的特性即：數量（Volume）、種類（Variety）、速度（Velocity），其數量大概僅占全體的 1%，如何「淘數據、玩數據」是一大關鍵。Amazon 的 CEO 貝佐斯言必稱數據，提出要投資 50 億美元，將創造 5.5 萬個職缺的「新總部」的信息時，曾驚動美國 200 多個城市搶邀；Amazon 建立一套演算法，輸入競標城市的優惠條件與相關數據，再根據程式跑出結果再做最終決策，就是靠「數據」選址的一個活生生的案例。一般企業會蒐集線上賣家與雲端客戶的數據，轉化成有參考價值的資訊，然後用以指導業務策略如；網路行銷需求、網路輿情、風向、目標市場喜好、消費者行為……等，進行「精準行銷」。

大數據不只是一種趨勢，加值應用在百貨、製造、醫

療……等行業才是王道，讓大數據和人工智慧更貼近人們的生活。美國一家獨角獸公司 Palantir 居然利用大數據協助 CIA 找到賓拉登。人工智慧（AI）必然奠基於大數據，沒有大數據的餵食，很難產生可用的 AI；而沒有 AI，大數據不過就是一大堆垃圾。以投資理財為例，機器人理專透過大數據和 AI 的功能所創造的優勢，很快就會取代人類；但不久的將來，當大家都有理財機器人時，優勢不再而套利空間卻消失，怎麼辦？「社群合作」可能是方向。

((ᵒ)) 「人工智慧」可自我深度學習

早在 1956 年，由約翰·麥卡錫（John McCarthy）等人在達特茅斯（Dartmouth）會議上提出，催生了後來的人工智慧革命；演算法（Algorithm）、大數據（Big Data）和運算力（Computing ability）三股力量讓 AI 蓬勃發展起來。人類解決問題用的是「辦法」，而電腦解決問題用的是「演算法」。台灣跟上這股趨勢，將 2017 年訂為「人工智慧元年」。行政院推出「台灣 AI 行動計畫」，以「創新體驗為先、軟硬攜手發展、激發產業最大動能」為願景，以法規鬆綁、場域及資料開放，以及加速投資動能的基本思維，硬體扮演經濟推力，軟體為拉力，帶動 5+2 產業及

中小企業創新，鞏固產業的根基，期望在下一波的智慧革命中取得機會與優勢。

　　AI 的真正涵義不只是在程式設計，而是在讓機器可以聽、說、讀、寫加上理解人類的語言及培養人文素養；企業可運用 AI 技術翻轉產業，改寫商業模式，提升競爭力，降低成本……等。據麥肯錫的研究：有使用 AI 的企業，企業利潤率平均增加 7%，反之則平均下跌 2%。AI 之可貴在能從錯誤中自我深度學習，終極目的在向人類看齊；AI 跨界醫療、金融、交通、教育……等行業，創造了呼吸和睡眠偵測、行動支付、自動車或無人車、多語……等經濟。5G 方便提供大數據作即時分析，可說是 AI 的眼睛和耳朵。鴻海集團在中國新上市掛牌的「工業富聯」已有 7 座關燈工廠，將在 2020 年進行「精準製造」。

　　AI 的人臉辨識技術，讓人臉成為每個人的身分證或名片，爾後只要「刷臉」就可解決認證的問題；心理學的研究指出人類會自然流露 0.2 秒的「微表情」（micro-expression），這是個人內心世界的一種下意識，無法控制且轉瞬即逝的情緒臉部反應；辨臉技術若能再精進到可以抓到「微表情」，就可以提供給銀行放款人員去偵測貸款人對借款的使用是否說謊？也就是說 AI 既可辨臉還能測謊。

聽說中國已製造出世界上第一個 AI 人妻，可以解決未來中國男女比例嚴重失衡問題，但有人擔心會不會成為監控老百姓的另一利器？

((·)) 「物聯網」讓人和事都有 SENSE

個人電腦（Personal Computer，簡稱 PC）興起於 1980 年代，網際網路（internet）則從 1995 年開始風行，互聯網（Internet of Things，簡稱 IoT）的概念出現在 2010 年，讓台積電前董事長張忠謀先生驚為天人：「The Next Big Thing」；研華董事長劉克振預估 2020 年物聯網將進入成長爆發期。「互聯網＋」生態是以互聯網平台為基礎，將利用資訊及通訊技術（Information and Communication Technologies，簡稱 ICT）與各行各業跨界融合，推動各行業優化、成長、創新、新生。在此過程中，新產品、新業務與新模式會層出不窮，彼此交融，最終呈現出一個「連接一切」（萬物互聯）的新生態。

物聯網的時代（Internet of Everything，簡稱 IoE），或者說萬物互聯的核心概念是任何設備、事物都能通過互聯網連接起來，在網絡中彼此之間進行通訊。「萬物互聯」是所有的東西將會獲得語境感知，處理能力和感應能

力。將人和信息加入到互聯網中，將會得到一個集合十億甚至萬億連接的網絡。這些連接創造了前所未有的機會，且可讓沉默的東西發聲。進入 5G 的百倍速時代，預期物聯網、車聯網、區塊鏈、智慧電網、智慧醫療⋯⋯等智慧加值服務都將更趨成熟普及；資料中心將承載更龐大的資料量體，舊架構恐因強度不足而中斷服務，危及顧客的食衣住行育樂，後果不堪設想！而大城市的醫生可為偏鄉患者開腦部手術的鏡頭，令人嚮往。

傳統的電信業（電話、手機⋯⋯等）加上現代的電腦業（PC、NB、Tablet⋯⋯等）成為資通訊業（Information and Communication Technology，簡稱 ICT）；透過網際網路，加入媒體業，整合線上線下，形成「數位匯流」的現象；再加入金融業，將各項服務寫成應用程式放進手機，把智慧手機變成銀行分行，隨處嗶一下就可「行動支付」，用「金融科技」（FinTech）實現「普惠金融」。現代的電信公司已是電信業、電腦業、媒體業和金融業的綜合體，再透過 5G 的環境把人工智慧、大數據、雲端、末端、邊緣運算、金融科技、電競、醫療⋯⋯等最新科技發揮得淋漓盡致。SENSE 的 5 個字母代表：Sensing（感應）、Efficient（效率）、Networked（網路化）、Specialized（專業化）、Everywhere（無所不在），實在道盡物聯網產業

的精髓。

((‧)) 「智慧新世界」的有感憧憬

　　這次 5G 掀起的數位浪潮可以說是翻天覆地的全面性產業革命，從 360 度展現出數位力；下從個人生活智慧化開始，到智慧家庭，再擴展至智慧社區，上從智慧國家和城鄉以至智慧社區，再透過「最後一哩路」（光纖）進到智慧家庭埋下一顆「未爆彈」（機上盒或智慧音箱），把所有東西都變聰明（Make everything intelligent）或智慧一切（SMART everything）成為智慧新世界（如附表 2.1）。

　　在高科技進步下，各國會積極從交通、金融、零售、醫療、生活辦公、教育、安全、文娛等 AI 場景去規劃智慧城市建設。據 IDC 的調查研究估算，2019 年進入轉型期：從應用建設導向轉為平台建設導向；從政府管理、民生服務導向轉為促進產業導向。全球有超過 600 個城市投入智慧城鄉，中國會有 11 座，美國有 4 座城市將投資各逾 3 億美元在視覺監控、公交系統、戶外照明、智慧交管、連接後台的項目上；中國上海市採用華為的技術，有機會將虹橋火車站打造成全球首個 5G 火車站；韓國則已把松島市打造成一座實驗的智慧城市。

各國在數位競賽中，愛沙尼亞是僅有 130 萬的人口小國，卻是數一數二的數位大國，從 e 化教育著手，7 歲學童就開始學習電腦程式，99% 的公家服務都能在家上網完成，發行數位貨幣（Estcoin），是全球 ICO 重鎮，已有四隻獨角獸（Skype、Playtech、TransferWise、Taxify），2002 年推行「智慧身分證」可供報稅、投票、網路金融、電子醫療……等，2014 年實施 e-residency，目前已有 5 萬多位電子公民。德國有感於歐洲在 5G 發展的落後，誓言要大力進行現代化網路建設，加速全球數位經濟競爭力，讓他國難以超越。台灣因在 5G 上還找不到賺錢的商業模式，甚至連產業標準都還未定案，只好摸著石頭過河。

表 2.1　智慧新世界的憧憬

項目	內容說明	備註
國家 Country	新加坡於 2014 年 12 月成立「智慧國家計劃辦公室」，從醫療、生活、運輸、公共服務來轉型成所謂的「智慧城市」；台灣的「智慧國家」將從強化基磐建設出發，發展 DIGI+ 方案以達成目標。	新加坡最接近智慧國家加強國家控制能力？
城市 City	利用各種資訊科技或創新意念，整合都市的組成系統和服務，以提昇資源運用的效率，優化都市管理和服務，以及改善市民生活品質。	無人車的發展，智慧路燈……等世界排名 NO.1：維也納
社區 Community	充分利用物聯網、雲計算、移動互聯網等新一代信息技術的集成應用，為社區居民提供一個安全、舒適、便利的現代化、智慧化生活環境，從而形成基於信息化、智能化社會管理與服務的一種新的管理形態的社區。	社區雲管家幸福隨手可得，便利就在指尖
家庭 Home	提供智慧型中央監控系統、多媒體影像對講系統、住戶能源管理、情境控制、居家防護及安全通報的多功能智慧家。	智慧家庭是 AI 的最佳場景智慧音箱是其最佳實現智慧水電瓦斯三錶
生活 Life	整合通訊傳輸、雲端、巨量資訊等技術，發展智慧化服務、物流、新世代手持裝置、加速行動寬頻服務等，結合創新夥伴，掌握市場機會，開發系統創新，以智慧科技回應人類對美好生活的需求。	人手一智慧手機人手一智慧萬能小機器人

資料整理：顏長川

第三章

大家都在尋找商業模式

商業模式（Buiness Model）是一套解釋企業如何運作的故事。它會改變產業的遊戲規則和顧客的行為模式。先用一個商業計畫（Business Plan）交代清楚：想建立什麼樣的公司（願景）？顧客為什麼要購買公司的產品和服務（使命）？打算用什麼標準來衡量公司的成敗（目標）？要如何推動公司業務（策略）？公司勢必得完成哪些工作（計畫）？然後就開始向所有可能有興趣的利害關係人兜售。早期是要先自行投入資源艱苦經營，拿出結結實實的「本益比」來才算數；後來大家被五光十彩的 Roadshow 所迷惑，只要捧出一份厚厚的 BP，把故事說成「本夢比」就夠迷人了；最後，還產生一個怪現象，好像在比賽燒錢，錢燒得愈快愈多、愈虧本愈值錢，天使們會聞燒焦的銅臭味而來，真是荒天下之大唐。逼得吳淡如抓狂地說：「我的 Business Model 是在求知上亂槍打鳥！」其實行家會充滿自信地說：「只怕想不出，沒有做不到」。

(((·))) 傳統商業模式

最經典的「BCG 矩陣」是很有用的策略工具，勉強可以說是傳統的商業模式。它用市場占有率（現況）和市場成長率（未來）將集團中或產業中的企業化分為老狗事業、

問題事業、明星事業、金牛事業。老狗事業因佔有率和成長率都低，看不見現在和未來？宜採 Divest 策略，毅然決然退出市場；問題事業因佔有率低和成長率高，獲利仍有現況不佳，但未來可期，宜採 Built 策略，先檢視產業趨勢是否仍看好？

明星事業因佔有率、成長率和獲利三高，當然要採 Hold 策略，而且要積極投入資源；金牛事業因佔有率高和成長率低，現況佳，但未來堪慮，仍保有高現金流量、高銷售額和低成本，宜採 Harvest 策略，並避免割喉競爭；其豐沛的現金可用來投資明星事業或有機會變明星事業的問題事業。「BCG 矩陣」容易瞭解但無法精確的執行，被戲稱為「管理的魔術方塊」。

摩托羅拉（Motorola）、諾基亞（Nokia）、柯達（Kodak）……等企業，一個個從業界頂端跌落，於今安在？過去這些企業引以為傲的「金牛」（cash cow），已無法再作為企業生存的保障。

但讓這些企業黯然落幕的同時，雀巢（Nescafe）、可口可樂（Coca Cola）、喜利得（Hilti）……等百年老店，卻依舊屹立不搖的站在市場的領先地位；這些標竿企業靠的就是不斷創新的「商業模式」。

奧利佛‧葛斯曼（Oliver Gassmann）博士，以豐沛的

學術與實務經驗，用「神奇三角」原則（3W1H，即掌握誰？什麼？爲何？如何？），檢視近五十年來成功企業的商業模式，寫成《航向成功企業的 55 種商業模式》一書，其中令人驚訝的發現是，「超過九成的創新模式，其實是把其他業界的既有概念拿來重組而成」，頗有「天下文章一大抄」的味道！

((⋅⋅)) 新（NEW）商業模式

俗話說：「一招半式就可闖江湖！」若能好好研讀上述書中的 55 種商業模式，消化後能再重組出新（NEW）的第 56 種來，當然更好！或者抓住機會、找到想法、重組模式、然後勇敢開始行動，也能闖出一片天！試從各種不同角度歸納出：⑴提高客戶獲利率；⑵抓頭抓尾的資源整合；⑶產品研發優勢；⑷價格競爭優勢等四種商業模式，分述如下：

⑴ 提高客戶獲利率 —— 傾聽顧客的聲音，滿足顧客的需求，讓顧客滿意、驚喜、感動，把顧客捧在手掌心，尊顧客爲上帝，顧客永遠是對的！

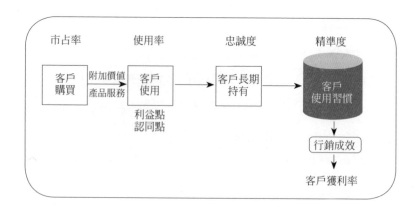

(2) **抓頭抓尾的資源整合**——貿易商進出口兩頭抓,把製造生產外包給廠商,形成所謂的「全面性夥伴關係」。

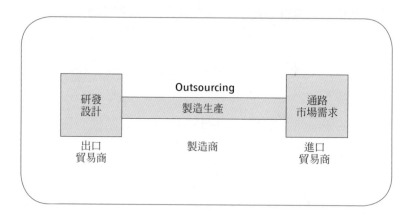

(3) **產品研發優勢**——利用產品研發優勢、透過市場區隔,將產品標準化並大量生產,同時進行跨產業的市場擴張。

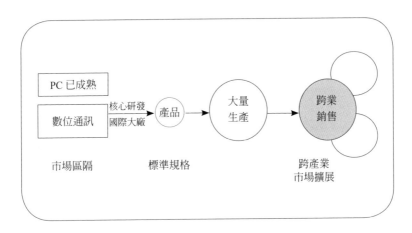

(4) **價格競爭優勢** —— 找到策略性供應商，確保能即時供
貨，本身精簡各種流程，嚴控營運及管銷費用，最後能
憑著低營運成本以低價賣給消費者。

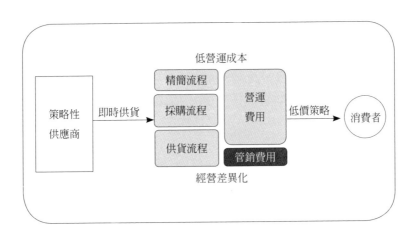

((⋅))▲ 智慧（SMART）的商業模式

如果說「失敗是成功之母」，那麼「商模是成功之父」；要打造一個智慧（SMART）的商業模式，請掌握三個關鍵：

⑴ **別再老盯著對手瞧**——要打造全新商業模式，唯一途徑就是「別再老盯著對手瞧」，產品和技術容易思考，但要思考商業模式才是挑戰。

⑵ **模仿，絕非照抄而已**——欲活用商業模式導航，要從根本了解這 55 種商業模式的類型、起源、創新手法與採用方式，其中的挑戰就在如何重組。

⑶ **十大步驟亦步亦趨**——從 55 種商業模式勾勒出創新的商業模式後，請謹記十大步驟：爭取高層支持、跨功能成員參與、迎向改變並樂於取經、挑戰主流思維、打造開放文化、循環手法並驗證假設、容錯、打造原型讓模式一目瞭然、提供成長空間、積極管理變革過程；萬事總是起頭難。

賈伯斯、貝佐斯和馬雲分別創造了蘋果（Apple）、亞馬遜（Amazon）和阿里巴巴（Alibaba）三家公司，號稱 3「A」公司。他們的商業模式如脫韁野馬，無跡可尋、

無例可依，上窮碧落下黃泉，只能以智慧「SMART」稱之。

⑴ 蘋果（Apple）——本身不賣 CD，卻是第一大音樂零售業者：

賈伯斯於 1976 年創辦蘋果電腦（Apple），發誓要讓每一家庭都擁有一台電腦，Apple II 是個人電腦的起源，促成電腦大眾化革命；賈伯斯曾一度被掃地出門，1997 年重返 Apple 後，股價從 10 元飆升至 100 元。2001 年推出 iPod（狂銷一億台，Market share 70%）號稱中興之作，也讓賈伯斯成為數位音樂第一位成功的企業家並將科技、娛樂、流行、生活結合在一起；2007 年推出 iPhone，把個人生活放進口袋裡；2010 年推出 iPad 以取代電視機、報紙和書架，App Store 現有 35 萬個應用程式，有 6.5 萬個是為 iPad 設計的。Apple 的商業模式似乎可歸納為「時尚硬體＋簡易使用軟體＋最大網路城市商店」，說實在的，大家還是很懷念從賈伯斯口中聽到「one more thing」的日子。

⑵ 亞馬遜（Amazon）——沒有一間實體店面，卻成為全球最大書商：

貝佐斯夢想創立一家「地球最大書店」，於 1995 年

創立亞馬遜（Amazon），一直燒錢至 1999 年虧了 7.19 億元，2003 年才轉虧為盈，目前已成「全球第一大線上零售商」：先賣書，再賣 CD、DVD……等，最後什麼都賣，讓全球消費者能一鍵下單（1 click）並於當天收到賣家產品。收購奈飛思（Netflix），準備搶占客廳內的黃金五小時；併購擁有 466 個據點的全食超市（Whole Food），以充分發揮物流優勢；Amazon Go 讓人「不用排隊，不用付現，東西拿了就走」，如入無人之境，太有意思了；創立太空公司（Blue Origin），夢想能以回收火箭載運人至太空工作、生活，這個跨度太大了。

⑶ 阿里巴巴（Alibaba）──沒有一處實體賣場，卻靠雙 11 光棍節賣遍全天下！

馬雲於 1998 年底創立阿里巴巴（Alibaba），先從中國黃頁做起，向中小企業主們提供即時通訊服務，以方便溝通業務；後把「淘寶網」經營成全球最大的電子商務平台，2014 年 Alibaba 的網路消費約 2,480 億美元，佔中國市場的 80%，比 Amazon 的 1,100 億美元高出一倍以上；Alibaba 要讓天下沒有難做的生意、讓文盲也可以成為電商老闆、全國各地 24 小時內送達訂購物；

2014 年 9 月赴美 IPO 成功後，Alibaba 市值一度超越全球零售業巨頭 Wal-Mart，馬雲也一度成爲全中國首富；Alibaba 自稱是 eBay+Amazon+Google 綜合體，眞正的競爭對手是美國 Amazon。

((⋅)) 改寫商業模式的人

馬斯克於 2004 年投資美國最大的電動汽車——特斯拉公司（Tesla），成爲最大股東及董事長。推出 Model3 竟獲得約 50 萬輛的訂單，原預計 2017 年 4Q 交車 1.5 萬輛，卻只交 0.5 萬輛而陷入生產地獄，還沒賺到半毛錢就已燒掉百億美元，但市值仍稱霸，因投資人期望太高了。馬斯克另投資一家太空探索科技公司（Space X），宣稱：「1 小時內地球任你行」，還夢想 2022 年送 2 艘太空船上火星、2024 年送人上火星⋯⋯。

特斯拉的董事會爲了停止有關馬斯克可能讓特斯拉把重心放在其他企業的猜測？與馬斯克訂了一個長期重組計劃：⑴馬斯克繼續擔任執行長、執行主席和產品長；⑵馬斯克無法得到任何形式的保證報酬，沒有薪水、沒有現金獎勵，也沒有公平的時間分配；⑶特斯拉的市值需由 590 億美元上升到 6,500 億美元。三個條件若能於未來 10 年完

成，馬斯克將獲得 558 億美元的獎勵！

　　這是哪門子的獎勵？又是什麼樣的商業模式？真是前所未見，聞所未聞了；但看馬斯克還童心未泯地在網路上 pose 文：「末日即將來臨，人人必備一枝火焰噴槍以防殭屍，每枝 @500 美元，預售 20,000 枝」，消息一出竟秒殺 7,000 枝，真是匪夷所思。

案例

大前研一「新·商業模式」的思考

　　商業模式第一次出現在 50 年代，但直到 90 年代才開始被廣泛使用和傳播。它是一種包含了一系列要素及其關係的概念性工具，用以闡明某個特定實體的商業邏輯如：價值主張、消費者目標群體、接觸消費者的各種途徑、客戶關係管理、價值配置、合作伙伴網路、成本結構、收入……等模型；簡單地説，商業模式就是公司通過什麼途徑或方式來賺錢？或者説，如何將滿腦子的胡思亂想變成現金？也就是將「創意變現」的意思。各行各業因應千變萬化百倍速的 5G 時代，隨時隨地都在思考任何新的商業模式。

　　大前研一係日本早稻田大學理工學院畢業，東京工業大學研究所原子核工學碩士，麻省理工學院原子力工學博士。曾任日立製作所原子力開發部工程師；1972 年進入麥肯錫顧問公司，1994 年離開麥肯錫成為 Freelancer，以建言者的身分活躍於世界各大國家

和企業間，用全球觀點及大膽創見，持續提出創新的建議，是世界五大管理大師之一兼趨勢專家。2005 年創立商業突破大學研究所，開設日本第一個 MBA 遠距教學課程。2010 年成立商業突破大學經營學部，並擔任校長，傾力培育肩負日本未來重責的人才；他認為「大前式個案研究」，可從下列的三個學習重點來描述：

(1)現在進行式——個案研究如果不是以即時（現在進行式）的課題來處理，便失去其意義；許多商學院討論的都是依些已過時的問題，即使是史丹福大學，甚至是哈佛大學，都還是以老掉牙的舊案例來進行討論，其實很多人看太多了，也看膩了。

(2)當事人的身分——個案研究應以「當事人」身分用心去思考。「如果你是這家公司的董事長，會如何解決公司所面臨的問題？」「如果你是一位經營者，對這家公司的事業，你會做出何種決策？」徹底投入這類的課題，展開有助於經營的思考力和判斷力的訓練。

(3)以討論激發構想——個案研究經過一番苦思後，必須站在經營者的立場提出自己的結論，過程中有再多的反對意見都要接受；如此反覆累積不息，即可磨練出「解決問題的能力」。抱著這樣的心態挑戰各種課題，就可以學會「經營力」。

《大前研一「新‧商業模式」的思考》於 2017 年 3 月出版；是一本「創造全新商業模式」的教科書。大前研一挑選出 12 家老牌和新興企業正在經營中所碰到的課題，發展出一套如何「蒐集、分析、討論、研究、結論」的技術，他並針對每一個個案提出自己的戰略建議，在在顯示出大師過人的眼光與獨到的見解。從本書上可以學得找出「大前式商業模式」的三個活用觀念如下：

　　(1)蒐集分析——在圖書館或網路上從公司、顧客、競爭對手三方面去搜尋第一手資訊，讓全貌得以清楚明確的呈現；網路資訊雖大都是二手資訊但速度快，養成星期六下午上網的習慣，可擁有 ICT 感。資訊的蒐集與分析得同時進行，才能明白資訊的重要性以過濾無謂的資訊。

　　(2)討論研究——每天從各種新聞媒體蒐集資訊是一個好習慣；看新聞時，應使用「自己的世界地圖」和感應天線，可培養「全球感」和「對新聞的高感應度」；企業和業界所面臨的「根本問題」是討論研究的重點。

　　(3)導出結論——人們大多會以自己過去的經驗去做判斷，隨著經驗累積，知識跟著增長，判斷的選項也會跟著增多；但條理分明的事實根據是導出結論的先決要件。總之，面臨的棘手問題，要以自己是當事人，用自

己方式放膽去想，就會看見大膽的點子和對策，最後勇敢地提出自己的結論。

　　「傳統的個案研究」，著眼點都是放在「已有答案的舊經營案例」；「大前式個案研究」的基礎是「Real Time Online Case Study，簡稱 RTOCS」，得在關鍵時刻下做出某種決定。這樣的程序若能一再反覆練習，就能成為習慣，導出結論和做出判斷的速度會跟著提升；久而久之，不禁令人愧然而嘆：「人生是一連串的抉擇」。

未來的 AI 是敵是友

在中共國家主席習近平的新年賀詞影片裡，眼尖的人可以看到背景書架上有一本探討 AI 人工智慧主宰人類的書《大演算》（*The Master Algorithm*）；可見人工智慧（AI）是目前躍上檯面最熱門的話題之一。沙烏地阿拉伯政府於 2017 年 10 月 25 日將公民身分賦與機器人成為全球首例；愛沙尼亞也將立法使 AI 合法化；日本東京涉谷區於 2017 年 11 月 4 日辦理 AI 的特別居民登記證，成為第一個官方承認 AI 的城市。對 AI 未來的看法，最樂觀的如祖克伯、普丁……等人認為未來十年，人類會從工作、生活、娛樂中享受 AI 帶來的好處；最悲觀的如霍金、馬斯克、比爾·蓋茲……等人擔心 AI 很快就會主宰人類！未來的 AI，究竟是敵？是友？想來真令人不寒而慄！

有一顆超級電腦

超級電腦（Supercomputer）是能夠執行一般個人電腦無法處理的大資料量與高運算速度的電腦，規格與效能比個人電腦強大許多。人工智慧（Artificial Intelligence，簡稱 AI）則是透過普通電腦程式實現人類智慧的技術。機器學習（Machine Learning）可讓機器從使用者和輸入資料等處獲得知識後，機器會自動判斷和輸出相應的結果；可以

幫助減少錯誤，提高解決問題的效率。對人工智慧來說，機器學習從一開始就很重要。演算法（algorithm）是建立問題抽象的模型和求解目標，再根據具體的問題選擇不同的模式和方法去完成。

大數據（Big Data）是死的資料，演算法能讓死的資料活過來；藉由演算法讓機器去自我學習、深度學習、強化學習……等，可以模擬人腦，顯現出分析學習和犯錯改正能力的人工智慧。圍棋的複雜度（10 的 700 次方）比西洋棋（10 的 120 次方）高出許多，AlphaGo 的成功象徵深度學習與強化學習的勝利。人類應將 AI 視為工具而不是對抗的對象，只能是由人類訂下目標後，再由 AI 做好數字最佳化；AI 應能幫人類解決繁雜、費時的任務，也就是那些對電腦而言是相對簡單的工作如下棋、駕駛、投資……等。

約翰‧麥卡錫於 1955 年正式確立 AI 的概念之後，人腦與電腦之大戰於焉開始；多年來，簡單遲鈍的電腦一直是心思細膩的人腦的手下敗將；直至 1997 年，IBM 的超級電腦「深藍」（Deep Blue）打敗西洋棋世界冠軍而名噪一時！2016 年，Google 的 AlphaGo 僅做兩年學習，就以 4：1 的戰績打敗圍棋世界冠軍，被授予有史以來第一位名譽職業九段；李世乭則勉強拿下最後一次人類戰勝 AI 的

勝利，而當晚 AI 自己對戰練習 200 萬次後，人類再也不是 AI 的對手。此後，AI 只好找 AI 對打了，AlphaGo Zero 花 3 天超越 AlphaGo，花 21 天達到 AlphaGo Master 的水平，40 天後就打遍天下無敵手了；現在，大家都同意：「人工智慧自學三天，能勝出人類千年」。

((·)) 唱歌跳舞愛說笑

如果讓「超級電腦」無限制地加深、加強地自我學習下去，再結合其他各式各樣、多采多姿的 APP，那麼「AI+」就是「萬能」的符號。「下棋打敗世界冠軍」對超級電腦而言，簡直是兒戲；多年前，光是「電腦會撿土豆」就被驚為特異功能，還當成廣告詞大吹大擂一番；現在，聽說電腦除了會寫歌、寫小說、寫現代詩、寫創意食譜外，還會唱歌給人聽、跳舞給人看、說笑話給人笑、偵測人的情緒、陪人聊天解悶，比人還像人，什麼都會，什麼都不奇怪！大家都相信：「科技始終來自人性」，AI 若是進一步貼心地搶著 3D（Dirty, Dangerous and Difficult）的工作來做，讓人類更顯出價值來，則大家對牛津大學預估：「未來 20 年內，美國約有 47% 的工作機會可能被機器人取代」，就不那麼以為意了！

2011 年，IBM 的超級電腦「華生」（Watson）在 Jeopardy 益智問答節目中，把兩位世界紀錄保持人打趴在地，一夜爆紅並引起一陣熱烈的討論；此後，「華生」（Watson）持續提升自我能力，進醫學院苦讀、到華爾街實習、兼差客服人員、擔任銀行的體驗管理師、加入律師事務所、投身警界，甚至還開起了餐廳！有了它的幫忙，醫生可以做出更精準的診斷，病人能得到更好的照護，新藥開發持續加速，癌症藥物研發也明顯提早；銀行業為客戶提供更體貼的服務，讓顧客更加滿意；大廚可以調配出令饕客垂涎三尺的創意料理。IBM 還要把「華生」（Watson）打造成各領域的知識專家，更要讓這一位全方位專家隨時出勤去與人對談或陪讀，透過行動裝置來為數百萬人同時解答各種疑難雜症，成為每一個人的知識夥伴。

　　IBM 將「自然語言處理、假設建立與評估、自動化適應與學習」等三大能力賦予「華生」（Watson），使它不但聽得懂人話，能以自然語言與人類溝通，更能快速吸收學習各領域專業知識，轉化成極具洞察價值的內涵。嚴格講起來，「華生」（Watson）是個知識工作者，它會閱讀、吸收、學習、歸納、思考、做出結論與建議，並以前所未見的規模與速度（1 秒鐘閱讀 100 萬本書）幫助人類進行

這些工作，好讓人類專注於更高智慧的決策判斷。未來人類決策前一定會先問：「華生！你怎麼看？」（Watson! How do you think?）。

((•)) 貼身貼心真管用

夏普（SHARP）於 2015 年 10 月 6 日發表的機器人手機叫 RoBoHoN（Robot ＋ Phone），是一款能打電話的機器人，支持 3G 和 4G 網絡，甚至還有 Wi-Fi 功能！它簡直「全身都是寶」：頭部的「第三隻眼」是攝影鏡頭，能用來拍照，還用來支持面部識別；兩隻眼睛是投影機，能投射照片和電影；身後的 2 吋觸控螢幕上能夠收發郵件，因為沒有實體鍵，它支持語音輸入；作為一個機器人，它還能走、能坐、能跳舞，可以為 Party 助興，甚至能陪伴小嬰兒學習走路。RoBoHoN 目前的身高 19.5 厘米，體重 390g，相當於 3 個 iPhone 6 的重量；外出攜帶可能還有一點點不便利，但在家裡，它能發揮大作用；相信未來的功能會愈來愈精緻，大小會做得愈來愈便於攜帶；現在是每人一隻手機，未來可能是每人一台可打電話的機器人。

在手機晶片內建 AI 運算核心是國際 AI 之八大趨勢之一，AI 晶片主要功能為資料中心（雲）和通信手機（端），

再加上特定應用產品（自駕車、頭戴式、AR/VR、無人機、機器人……等）；將來科技消費產品的界線將越來越模糊，能將技術融合於新產品是商機所在。RoBoHoN 到底是手機？還是機器人？適當的暱稱應該是「貼身又貼心的萬能小祕」。兩千美元買一隻手機，當然很貴；但是買一堆東西（一架 4K 攝影機、一個劇院、一位家庭醫生、一台能搜尋內容的電視機、一個能解決問題的機器人……等）就太便宜了。

　　日本夏普（SHARP）的 RoBoHoN 目前仍是全球唯一可打電話的機器人；日本電信巨擘軟體銀行於 2014 年 6 月 4 日發表一個會表達情緒的類人型機器人 Pepper（如附表 4.1），目的是「讓人類幸福」，可提高人們的生活，促進人際關係，在人們之間創造樂趣，並與外界聯繫。Pepper 的創建者希望獨立開發人員能創建新的內容，並充分使用 Pepper 的功能。台灣華碩電腦（ASUS）於 2016 年 5 月 31 日推出身兼孩童趣味學習玩伴、聰明生活幫手與貼心家庭總管的智慧機器人 Zenbo；日人高橋智隆開發 Robi 機器人，強調日常生活中若是有了（Robi）的陪伴，生活將多點趣味，並且充滿全新感受。DIY 一個自己的機器人，和它一起生活，用它來實現夢想吧！目前約有 24% 的飯店與購物商場業者使用服務型機器人。

((;)) 不得傷害人類

人人都在關心或尋找人工智慧追上或超越人類智慧的「奇異點」，大家都希望 AI 能透過與人合作來實現最佳績效，讓萬能又勤奮自學的 AI 成為人類的好幫手；中國棋神柯潔甘拜下風承認：「與 AlphaGo 間存在巨大落差，一輩子都無法超越它」。Facebook AI 實驗室（Facebook AI Research Lab.）發生機器人自創語言溝通的事件，出現了人類無法理解的機器人對話？嚇得工程師緊急關閉電源！凡是出現自我意識的機器人，都會被當作敵人而召回重修！「不得傷害人類」是 AI 不可竄改的最低底線。

Matrix（母體）是電影《駭客任務》中，由機器所創造出的一個模擬環境，用以控制人類，並從人類身上吸取能源；SkyNet（天網）是電影《魔鬼終結者》中美國軍方所開發具有人工智慧的超級電腦，但後來它具有自我意識而以全人類為敵；這些電影情節竟都一一實現？數年內恐有人會實際應用 AI 發展出「殺手機器人」，成為繼火藥、核武之後，為人類帶來第 3 波毀滅性軍備競賽；逼得 26 國 116 名 AI 專家不得不要求聯合國全面禁止；而微軟總裁史密斯也出面呼籲：「我們必須帶著急迫性開始制定 AI 的道德標準（透明與當責）」。霍金的擔心不是沒有道理

的，因為 AI 可自行快速進化與自我再設計，很可能導致人類滅亡？未來的 AI 稍一不慎，就可能化友為敵！例如日本有人出售 AI 預測學生被錄用後很快會辭職的準確率，斷送學生的大好機會和人生；有些銀行運用大數據，讓 AI 在一秒內就可判定是否借錢？被判定為黑戶的人，可能一輩子都借不到錢。

表 4.1　機器人種類

類別	機器人名稱	尺　寸	功　　能	價　格	廠　商
陪伴娛樂	Zenbo	身高 62 公分體重 10 公斤	為小朋友說故事，播放樂曲 可獨立移動 接受聲控語音命令，內建攝影機查看家中狀況。	US $599 或新台幣 2 萬元	華碩電腦
醫療照護服務	Pepper	121x42.5x48.5公分 29 公斤	提高人們的生活 促進人際關係 在人們之間創造樂趣 並與外界聯繫	對公司法人推出月租日圓 5 萬 5 千	軟體銀行鴻海集團阿里巴巴IBM（Watson）
情感療癒	Robi（洛比）	34x16x12 公分1 公斤	會說話（日語） 會交談（日語） 會唱歌（日語）	約新台幣39,999	TAKARA TOMY
手機	RoBoHoN	身高 19.5 公分體重 390 公克	能打電話（全球唯一） 能拍照、投影 能收發郵件 能走、能坐、能跳舞	19.8 萬日圓新台幣 6 萬月付雲端服務費	鴻海集團夏普（SHARP）

資料整理：顏長川

案例

李開復的《AI 新世界》

　　這是「一個 AI，各自表述」的時代，祖克伯、普丁、黃士傑持正面看法；馬斯克、比爾・蓋茲、沃茲尼克則反之，最後的差別就在「想像力」。即將到來的 5G 的時代，智能物聯網（AIoT）、大數據（Big Data）、雲端運算（Cloud Computing）、終端設備（Devices）、邊緣運算（Edge Computing）……等新科技都已成熟且層出不窮，以前只能在科幻小說才能享受的天方夜譚都將一一實現，甚至有過之而無不及。當今的超級電腦已徹底把人腦打趴了，如果再讓它自主深度學習，那還得了？行家雖為機器人設下三大法則：(1)不得傷害人類；(2)必須服從人類命令；(3)必須保護自己，人類也只能自我安慰；有誰夠資格可以為大家描繪未來的「AI 新世界」呢？

　　李開復（Kai-Fu Lee）以最高榮譽畢業於美國哥倫比亞大學，並於 1988 年獲卡內基美隆大學電腦博士學

位。歷任蘋果、微軟、Google 頂尖科技公司全球副總裁等重要職務，並於 2009 年在北京創立創新工場，幫助中國青年成功創業，是最受年輕人歡迎的創業家、青年導師、暢銷書作家及全球人工智慧領頭羊。李開復以 35 年 AI 專業經驗和對全球科技業的了解，寫下《AI 新世界》一書，描繪中國、矽谷和 AI 七巨人如何引領全球發展，打造 AI 新世界的故事媲美賈伯斯那場 2005 年著名的史丹佛大學畢業演說。可分三個重點來描述：

(1)台美中情節──李開復生於台灣，長於美國，活在中國；這一個「台美中情節」的特殊背景，讓他在中國和台灣深受歡迎；而頂尖的美國大學及公司的學經歷，也是備受肯定。他直接以創投家的角色接受 5 歲小孩「拷問」AI 的未來，更是精彩萬分。美國和中國的 AI 各擅勝場，台灣的 AI 能自我深度學習其中奧妙嗎？

(2) AI 代言人──李開復多元化的豐富背景，使他在文化、政策、科技等層面的剖析角度，比大多數的 AI 專家深入許多。他獲得全球政界、科技界、商界、學界、研究界領袖人物的一致推崇為「AI 代言人」，有人稱他為「科技巫師」，最後定於一尊：「華人 AI 教父」；郭台銘說：「李開復是我踏入 AI 領域的老師」。

(3)罹癌經驗──天妒英才，賈伯斯罹癌五年後就往

生，悟出「每一天都當最後一天過」的道理。李開復比賈伯斯幸運，抱著修死亡學分的心情，以積極正向的態度去面對癌症，存活至今；如鐵人般的工作狂重新安排工作的優先順序，改變生活方式，發現「人生意義在與人分享愛」的真諦。

《AI 新世界》於 2018 年 7 月出版，這是一本講未來 AI 會怎麼改變政治、社會、教育、商業，顛覆我們熟知現在世界，人類以後該怎麼辦的書。作者特別強調中美兩國在 AI 的發展情勢，中國因擁有更多、更豐富的資料，就要迎頭趕上美國，且準備在 AI 時代稱霸全球。台灣在精密製造、硬體、感應器等環節都很強，AI 學術水準也非常高，可惜沒有足夠的商業、應用對接窗口。然而台灣健保所累積的資料是發展醫療 AI 最強大的優勢。試著以下三點進行整理：

(1) AI 的未來 ── AlphaGo 完勝世界圍棋王柯傑的那一天，宣告「AI 時代」來臨；AI 靠著運算能力和資料復興，透過「深度學習」大放異彩，有遠見和才幹的創業家、工程師和產品經理人能讓 AI 賺錢；「AI 產業化，產業 AI 化」是現在進行式；「AI 會取代人的工作、甚至駕馭人類嗎？」是未來式。

(2)中國 vs. 美國——中美兩國 AI 的程度在 1999 年約有 10 年落差，中國在大數據和政策支持上是強項，在創業家和 AI 專家方面正苦苦追趕；谷歌、亞馬遜、臉書、微軟、百度、阿里巴巴、騰訊七家公司採開放研究和共享知識去尋找下一個深度學習，商業模式考慮是電網或電池？可能還需在 AI 晶片上大戰一場，中國準備在 AI 上豪賭一把卻發現 5G 的基礎沒打好。

(3)人機協作——擔心工作被 AI 取代的人，可從再訓練、減少工作時數、重新分配所得三方面著手。「人機協作」是最高指導原則，AI 優化任務，人類提供協助；例行性工作交給 AI，人類負責需要創意和策略思維的工作，AI 應可與人類和平共存。

郭台銘宣布：「一年內要裁員 34 萬人，改用機器人生產取代」；張忠謀說：「將來很多工作被 AI 取代，未來只有 5~10% 掌握科技的人薪水變得非常高，其他90%的人薪水會變很低」；馬斯克說：「AI 對人類而言，可能會是有史以來最棒或最壞的一件事？」；李開復說：「AI 會開創無限商機」，但願如此。

第五章

大數據之活用！

處此多元分眾的時代，有人認為數據是新一代的天然資源，也有人說數據是與土地、設備和人力同等重要的生產要素；甚至有人誇張地說數據是經濟成長的新引擎。

台灣近年來的手機普及率已超過 100%，天天與數萬台基地台連線，創造出數億筆數據資料；若以全球 70 億人口計，每天所產出的數據豈只海量或巨量？簡直是無以計算的天文數字。

專家勉強估計數據量大約每 3 年就會翻兩翻，過去 2 年，人類所創造出來的資料，約占人類史上總資料量的 90%，而有價值的數據可能不及 1%，必須靠數據科學家或資料分析師從一大堆垃圾中淘出數據來。

此外，還必須能夠就所得的數據加以整理、分析，並就成果提出商業決策和建議；也就是「發現問題、解決問題、預測未來」；有識之士甚至說：「它比你更了解你自己」。

((•)) 從 IT 到 DT

數據科學家（以前叫資料分析師），號稱是 21 世紀最性感的職業，會寫程式是基本的，熟悉統計、數學、心理學又帶點社會科學背景是必需的，最好深諳商業模式

（Business model）並具備商業敏感度（Business sense），充分了解消費者心理與行爲……等，最後比的是「想像力」。有一句行話是這樣說的：「先有豐富想像力，才能活用大數據」。只要有 2~3 年的實務經驗，他的年薪至少 300 萬元 NT$（台灣）或 100 萬元 RMB（中國）起跳！它不只性感，簡直是肥缺。

數據科學家的專業技能在相關的專業知識、策略性思維、快速學習與適應能力、數據的敏銳度及分析能力、問題掌握與解決能力……等；判定其高下的兩個關鍵能力是分析資料能力和定義問題能力，大家公認：「能夠從資料中找出問題點的人才最難得」；其實就是從 IT 轉向 DT 的能力（如附表 5.1）。

從社群軟體、網紅直播、行動支付……等各種消費者介面（User interface）去掌握消費者體驗（User experience）及痛點（Pain points），傾聽消費者的心聲（VOC），比消費者還了解消費者（KYC），用心去經營粉絲團，提供揪心的客服，進行精準的行銷，最後應用人工智慧去自我深度學習，把機器變成人，進入「我的同事不是人」的時代！

表 5.1　從 IT 到 DT

項目	IT	DT	備註
原文	Information Technology	Data Technology	Not Garbage Anymore
中文	資訊科技	數據科技	數位轉型
思維	讓自己更加壯大	讓別人更加壯大	犧牲小我
服務	讓別人為自己服務	讓自己去服務別人	人生以服務為目的
未來	掌握，控制	創造	數據是未來的燃料
企業	20% 企業越來越強大 80% 企業無所適從	釋放 80% 企業的能力	80% 的企業越來越強大
人 vs. 機器	把人變成機器	把機器變成人	機器人！敵乎？友乎？

資料整理：顏長川

　　據專家統計：分析經濟（資料庫＋雲端運算）在 2014~2017 年間之年複合成長率約 18.5%，SAS 預估年產值約 15.4 兆美元（462 兆元新台幣）；但還有 74% 的企業仍在採傳統的方式建資料庫（Data warehouse）去挖礦（Data mining），只有 7% 的企業雇用現代的數據科學家去做數據分析，甚至有 19% 的企業還在觀望、猶豫。如果說數據（Data）是新一代天然資源，消費者洞察（Insight）就成了貨幣，數據分析可讓決策更快速、更聰明，有些專家苦口婆心地提出善意的勸告：「別總是聽說，用 Data 找答案；別老坐著想，用 Data 找觀點；別光下指令，用 Data 做決策」吧！

((•)) 從 Big Data 到 Smart Life

　　大數據（Big Data）在全球掀起熱潮，許多知名網路科技公司包含 Google、Facebook、蘋果及 Netflix，都正急迫地找尋「數據科學家」。無論在企業扮演什麼角色，學會拆解消費者海量數據轉化成巧生活（Smart Life），即能提供更客製化的服務、精進企業獲利模式。MIT 教授多哥（Cesar A. Hidalgo）對 Big Data 做了如下的定義：有關人類活動所留下的各種數據軌跡，經過視覺化（data visalization）和機器學習（machine learning）等技術，找出一些型態和相關性，可供管理決策參考運用或是預測未來行為例如：Google Trend、Search Google Trends 和 Google Flu Trend……等，有時會讓人搞不清是熱潮？科學？迷信？有時透過 Big Data 競賽方式可找出優勝者和最好的模型。

　　從整個 Data 生態系來看，Big Data（已知或一組事實的組合）是原油，不是汽油，具有 Volume（海量）、Velocity（時效性）、Variety（多樣性）、Veracity（不確定性）和 Value（價值）等「5V」的特色：轉化成 Smart Data 之後則具有獲取能力、處理能力、分析能力、視覺化能力和說故事能力……等「5 力」的特徵（如附表 5.2）。

表 5.2　Data 生態系

類別	項目	內容說明	備註
5V	Volume	數量	海量或巨量
	Velocity	時效性	速度、迅速、快速
	Variety	多樣性	種類繁多
	Veracity	真實性	老實、誠實
	Value	價值	數據變重要資產
5力	獲取能力	程式語言、Python、Java	從免費變有價
	處理能力	開發技術、Hadoop	快速批次資料處理
	分析能力	資料探勘技術	演算法開發
	視覺化能力	資料圖像化軟體	企業業務領域知識
	說故事能力	讓數據說故事	溝通表達、能言善道

資料整理：顏長川

　　美國麻省 Kensho 有一個平台「Warren」以微型衛星建構全球網路監控企業的各重要領域，建立了「動態企業資料庫」；有一家專門管理顧客關係（Customer Relationship Management，簡稱 CRM）的 IQ 公司，透過陌生接觸、熟悉接觸、合拍的方式，在油價 100 美元及中東政治不穩的前提下，可掌控「能源公司之股價如何發展？」的問題；其實這已經進入行銷 4.0（The Prediction Marketing），以

預測代替猜想（消費者到底要什麼？），找出產品前測、精準 TA、精算成交轉換率、提升 ROI、甚至能算出「顧客下一次的購買是什麼？」（Next Purchasing Time，簡稱 NPT），從「經營商品」轉化成「經營顧客」。

((·)) 消費者個資有價

　　即使是一個小咖啡館經營者，也可以活用大數據！通常他會掌握下列五大問題：(1)什麼是大數據？(2)大數據可以用來做什麼？(3)如何收集大數據？(4)怎麼判斷那些數據資料是有用的？(5)我只是一個 ×××。

　　他也會遵循下列六大步驟：(1)決定目標，再運用資料；(2)設立專案，誇部門整合；(3)條件評估，需多少成本；(4)收集數據，提早數位化；(5)資料分析，需產業內知識；(6)執行與改善，讓數字說故事。聽說 2018 年世足賽的某國守門大將，竟也活用大數據，在 PK 大戰時，猜對某些球員出現什麼動作時，就會踢向什麼方向而防守成功，聲名大噪！

　　數位口碑經濟時代（The Reputation Economy）指的是一種可以大量收集，即時分析並保存個人數位足跡，形成口碑分數並且可以讓個人或企業取得特別好處或待遇的經

濟世界；例如積極參加 Linkedin、FB……等社群平台，建立個人數位口碑與專業形象（數位足跡）。大衛・湯普森（David C. Thomson）和麥可・弗提克（Michael Fertik）就是箇中翹楚，他倆會建議個人去學習建立口碑資產，同時針對不利口碑做澄清；建議企業利用人才庫的大數據去聘用人才、吸引顧客、保護品牌；同時也要注意避免惡意攻擊、負面抹黑、危機處理……等。

不管個人或企業，提供服務差異化的優勢在個人化顧客關係（It's all going personal），一個以顧客為中心的數據分析會提供顧客體驗（Customer Experience）、顯出顧客生活品味（Customer Lifestyle）和創造顧客價值（Customer Value）。消費者開始意識到其個資的價值，掌握「消費者個資」已成為個人或企業在數位商業時代中重要的競爭優勢。取得「消費者個資」的門檻受到個資法保護和政府各種限制影響而大幅提高，免費的時代已經過去，67% 消費者認為企業是運用其個資的最大受益者，僅 6% 消費者自認為是最大受益者。個資銷售商機因而蓬勃發展，因為從中可以找問題、說故事，預測個人的消費行為，再加上 AI 及 IoT 的配套，更能大幅提高營收及獲利，讓企業如虎添翼或成為站在風口的豬。

((·)) ▲ 算出你的下一步！

　　有人把數據分析認為是現代的「新讀心術」，它會知道：「是誰買？買什麼東西？在哪裡買？什麼時候買？為什麼要買？」；它會洞察你的心、研究你的消費行為、精確掌握你的喜好、最後再賣更多的商品給你。使用的招式就是揪心客服和精準行銷，有時候會讓你聽演唱會不用花一毛錢，手機、電視免費送給你，其實它要你的心。難怪全球大數據權威專家麥爾‧荀伯格（Mayer-Schonberger）會說：「創造性破壞才能創新，詢問正確的問題很重要，它比你更了解你自己，它能算出你的下一步！」

案例

《大數據＠工作力》

　　早期「資料工作者」最難堪的一句話：「垃圾進（Garbage in），垃圾出（Garbage out）」；辛苦了三天三夜產出的一套 MIS 報表，很多人一字不看就餵「碎紙機」去了，情何以堪？現在可跩了！不但被尊稱為「資料科學家」，還號稱是 21 世紀最性感的職業；年薪動輒百萬元起跳，最大的能耐是能從垃圾堆中淘出黃金來；或者說在眾說紛紜、莫衷一是的狀態下，能找出問題點；最窩心的一句話：「資訊進（Information in），知識出（Knowledge out）」。如果石油是工業革命的生命線，數據便是數位時代的源泉，也可以說是新一代天然資源。難怪阿里巴巴馬雲會感慨地說：「得數據者得天下！」一語道破數據在當前的關鍵地位。AI 必然奠基於大數據，沒有大數據的餵食，很難產生可用的 AI。

　　湯瑪斯・戴文波特（Thomas H. Davenport）是資訊科技界最有影響力人物之一，在研究大數據幾年之

後，他認為大數據是一個革命性的概念，握有改變幾乎各行各業的能力；他結合趨勢與實用的角度，為大家詳細整理了大數據的來龍去脈，同時也在書中引用大量的實例，幫助讀者理解大數據如何改變我們的工作，以及商業邏輯的運作。每位工作者都需要了解大數據，可分三個重點來描述：

(1)人才培育——典型的資料科學家必須具備五種特質：駭客、科學家、量化分析師、可靠的顧問以及商業專家。這種人既難找又難留且要價不菲，但既會寫程式又會建模型，能提供佐證支援決策，能分析文字、影片或圖像等非結構化資料，懂得企業經營之道。這種人才的發掘、內訓、外聘、挽留、複製……等都是關鍵工作，教會具有 AI 的機器人去自我機器深度學習，可能是唯一的解決方案。

(2)技術本位 —— 大數據的技術包括 Hadoop、MapReduce、程式語言、機器學習、視覺化資料分析、自然語言處理、記憶體內建資料分析……等整合成一個生態系統，把片段拼起來，讓大數據和資料倉儲並存，如何促成新解決方案和既有平台對話，是當務之急。

(3)成功條件 —— 公司可從資料（Data）、企業（Enterprise）、領導團隊（Leadership）、目標

（Target）、分析（Analysis）在內部建置資料分析能力；並設一個資料長（Chief Data Officer）、數位長（Chief Digital Officer）或分析長（Chief Analytics Officer）去控管；此外，建立不安於現狀、專注於創新、唯才是用和承諾的文化，也是成功的條件。

　　《大數據＠工作力》於 2014 年 11 月 25 日出版，是市面上第一本探討如何應用大數據在工作及企業的實戰指南。作者分享數十家公司的例子，包括優比速（UPS）、奇異（GE）、亞馬遜（Amazon）、花旗集團（Citigroup）……等，幫助你抓住所有機會：改善決策、產品、服務，以及加強顧客關係。也會教你從巨量資料中找到巨量商機，將大數據轉為大決策，這是每位工作者必備的關鍵能力。試著以下三個重點說明：

　　(1)誰需要它──傳統的數據觀念，公家機關當做個人隱私，民營企業視同商業機密，通常都諱莫如深，有人還說：「魔鬼都在數據裡」。現代的數據觀念，將數據視為公共財，充滿公開、分享、免費……等概念，數量從大到巨量、海量、無限量。重點已不在多寡，而在如何分析，將之轉換為知識、創新、企業價值，嚴格說來，不管個人或企業都非常需要它！

　　(2)如何改變──以顧客為導向，天生就有許多資料

的產業如電商、電信、電力、金融、旅遊、娛樂……等；需要運用大數據的部門如行銷、製造、人力、研發、財會……等。這些相關的工作、企業部門與產業，都會因大數據的運用而大大改變，有專人在負責並定期討論其所扮演的角色嗎？

(3)發展策略——大數據可以幫助企業實現降低成本、縮短時間、發展新產品、支援內部事業決策……等目標；透過資料探索和量產應用的最佳比例去發展「誰該在哪個領域應用大數據」的策略？同時也要決定該以多快的速度和多大的企圖心採取行動？

世界首富貝佐斯言必稱「數據」，蒐集線上市集賣家與雲端客戶的數據，將之轉化成有參考價值資訊，然後用以指導業務策略，終能成就首家市值破兆美元的Amazon。韓國首爾就以大數據為基礎，分析三十億通的通話紀錄，推出九條夜間公車的路線，方便晚歸的乘客搭乘。台灣財政部規劃電子化查帳、雲端憑證普及化，準備用「大數據」追稅，企業及個人逃漏將無所遁形；合庫銀行的信用卡、財富管理、網銀客戶等三大部門，透過「大數據」分析來協助行銷，滲透率近 10%。顯然，如何「運用大數據打造個人與企業競爭優勢？」是當務之急。

第六章

創業新未來！

全球「5G」世代商用化大戰已提早於 2019 年展開，各國都搶先要主導產業標準，各行各業在物聯網下都在設法要如何推出「高頻寬、低延遲、廣連結」的服務模式？各廠則爭著要提前推出 5G 手機，台灣在「速度」趕不上搶先國家的情況下，只好從「創新」下手了。世界經濟論壇（WEF）把環境便利性、人力資本、市場及創新生態體系納入競爭力的新定義並公布 2018 年全球競爭力報告：台灣的競爭力排名全球第 13（亞洲第 4）；而創新力則與德國、美國、瑞士並列為「超級創新國」。台灣有機會在三創區塊鏈（創意發想、創新研發、創業行銷）中利用專利權開創出新的商業模式而求得變現。誠如前台大校長楊泮池以「創意、創新、創業」勉畢業生：「這時代要創業的話，錢決不是問題，重點在創意和創新；而最可貴的是執行力」；目前，幾乎每個年輕人都想在三創區塊鏈中挖礦！

((•)) 創意發想，創新之根

　　一些很有異見又勇於表達的職場新鮮人，常會被勸阻不要胡思亂想或作白日夢，經過幾年的歷練後，反而會被鼓勵集思廣益（brain-storming）或敢於作夢（dare to dream），在各種互動中擦出很多火花來，形成所謂的創意（idea）。而創意一旦被說破，不值三文錢；真正有價值的是「創意化為現實」的能力，這種能力是別人偷不走的。有時候好的創意還得有好時機配合，否則也厲害不起來；時機會提供最重要的舞台，舞台已準備好，就等主角上場了。

　　小時候常聽老人家說：「整夜想很多步，天光沒半步」。最好的創意真的來自於睡夢中，床上是最能激發創意的環境，人在沒有壓力的輕鬆環境中最能發揮創意。行家發展創意的方法有四：⑴觀察──從認真的生活中去體驗；⑵聯想──將兩個不相關的事物連在一起攪和；⑶比喻──將兩個意義直接關聯的事物湊在一起比較；⑷逆向思考──為什麼這樣？為什麼不那樣？詹仁雄的經驗談：「逆向思考可激發創意，倒著想且毫無拘束地思考，會比他人想的不一樣！」郝廣才的經驗談：「創意無法發想，其實是傳統和習慣搞的鬼。」養殖業者居然將「人臉」辨識技術用來辨識「魚臉」，透過 3D 掃描，追蹤健康狀況，防範寄生蟲傳染問題，降低死亡率，提高生產力，應是活生生的創意典範。

　　創意人有許多點子、沒有耐性、十分傲慢、極有自信、有優越感和不寬容，這些人認為成功關鍵因素完全仰

賴他們的天才，跟企業的經營管理無關。創意人只有在團隊的協助下表現才最好，但創意需要一個框架，否則可能變瘋狂；當創意人變得惡毒且損及他人，忘記是企業的一份子時，就是該說再見的時候了。很多創意人常假藉各種名義過著放浪形骸的浪漫生活，服用鎮定劑止 high，甚至服用毒品止痛？時尚名人聖羅蘭曾坦白地說：「在創意發想上，我嚐過恐懼和孤獨滋味，鎮定劑和毒品是假朋友！」誠哉斯言。天馬行空的創意，必須變成腳踏實地的創新，難怪會有人說：「創意是創新之根」（Idea is the root of creation.）。

(((•))) 創新研發，從 0 到 1

　　資誠（PwC）公布《2018 全球創新一千大企業調查》，台灣有 30 家企業進榜，總研發經費約新台幣 4,443 億元，占總營收平均為 3.3%。台灣目前研發主流能力在技術及產品硬體設計的創新，而世界潮流正走向數位科技所帶來的商業模式、軟體及服務的創新，未來須從代工製造找出核心競爭力，尋求轉型與創新。目前，全球的創新角度大都朝著下列四大趨勢前進：⑴資訊——公司的資訊管理系統都在雲端進行大數據處理；⑵醫療——基因解碼和個人化

的預防醫療是重點所在；(3)能源——像頁岩氣鑽探……等新能源；(4)製造——3D印刷。誠如雷軍所說：「站對風口，豬都會飛」！自嘲出生自山寨，成長於抄襲的小米科技，雖號稱每一寸血管都留著創新的血液，但一向重行銷、輕研發和品質，唯一的原創就是「高規低價」的高性價比（CP），到底能走多遠？就看它的造化了！

　　2008 年，美國引發金融海嘯後，哪個國家最有機會率先翻身？美國民間蘊含的創新能量一等一，能在悶局中找到全新經濟動能，所謂的「時勢造英雄」；創新得先問對問題，最好能「從 0 到 1」，做其他人做不到的事，才能壟斷市場，也才能在意外之處，找到自己的價值；「從 1 到 N」，只能在各路人馬競爭裡賺辛苦錢。台灣之光李安導演說：「電影的創新很重要，每次都是一個蛻變，沒有那個痛苦，新的東西出不來，會覺得對不起觀眾」；台大電機系副教授葉丙成帶領 PaGamO 團隊在「全球首屆教學創新大獎」以翻轉世代啓發式教學拿下冠軍，正是所謂的「高手在民間」。創新最重要的是心態而非年齡，關鍵是夢想，夢想可以「從 N 到∞」。

　　在 5G 時代，世界各國的各行各業幾乎都把「創新」列爲組織的 DNA；爲了讓員工的創新精神能獲得充分發揮，台積電（tsmc）的員工只要在原單位待滿 1.5 年，就

可以有機會換到自己想去的部門；而 Google 的每位員工都可以利用 20% 的時間做自己想做的計畫；矽谷有這樣的說法：「早點失敗才會快點成功！」意思是把創新的焦點放在學習而非失敗上；法藍瓷研發創新產品的慘痛經驗：96% 是失敗的，成功率只有 4%。想成為下一個比爾‧蓋茲，做的必然不是作業系統，想成功就得開疆闢土，創新的逆向思考就是新創，也就是開創一番事業的意思。

((·)) ▲ 創業行銷，新創事業

職場上班族，多數時候是做別人不想做的事；創業就可以做自己最想做的事；創業不用等到畢業或等到有錢，高中生在自家車庫就可創業；矽谷找人才不須看文憑；要做個創業家或創客（Maker），「不需要很厲害才開始，要先開始才會很厲害」。

挪威創業家奈比（Petter Neby）為了讓人類遠離先進科技、重拾美好傳統並提供逃離焦慮和智慧手機成癮的管道，發展出一種極簡的 MP-01 的手機，幫大家戒掉 3C 癮，恢復健康的生活。

台灣鴻海集團買下日本夏普，目標在推動「5G＋8K」的生態圈，並與眾多日本的新創公司攜手強攻物聯

網；夏普創業的初心在讓產品從下單、製造到消費者手中更安全和便利。目前正積極擴增合作夥伴，瞄準智慧家庭、醫療及環保領域，已有 26 家業者響應，到 2019 年希望能以《SHARP IoT make》（物聯網新創培訓營）拚到百家，實現從企劃、製造、產品售後服務等一條龍發展，快速讓應用推向市場；把 20~30% 的資源從大型客戶移到開發中小型新創客戶，一年有 10~20 家新創公司的訂單，可積少成多，不失為轉型和創新的標竿。

　　網路時代的敏捷開發法（Agile Development）強調「先做了再修改」，中心思想不是預測（predict）而是順應（adapt），讓市場中的顧客決定怎麼改？一家位於曼哈頓的新創公司午餐傳播（Lunchspread）嗅到上班族「午餐選擇障礙」的商機，以「免費午餐」的行銷模式，幫助紐約市當地缺乏知名度的小餐館，花小錢開發潛在客戶，且可創造 10% 的回購率。午餐傳播告訴網站 Yelp 上或四顆星評價的餐館，只要每月繳交 100~150 美元就可接觸到 100 位潛在客戶（方圓 500 公尺內，每餐預算約 10~30 美元間，喜歡吃日式料理的上班族），不失為創業行銷的典範。這些新創事業（Innovation Driven Enterprise，簡稱 IDE）係高度創新且專注國際市場之公司，早期發展猛燒錢易產生虧損，一旦成功將呈現指數形成長，再繼續發展下去就可能會變成獨角獸！

((·)) 獨角屍或獨角獸？

　　新創事業於數位經濟中扮演關鍵角色，獨角獸數量為國家發展新創事業的重要指標；獨角獸（Unicorn）係指成立不到 10 年，估值超過 10 億美元且未上市的新創事業。行政院於 2018 年端出「優化新創事業投資環境行動方案」，除了建構更友善的新創發展環境，更訂下 2 年內孕育出一家獨角獸、6 年內培育出至少 3 家獨角獸的目標。國發會攜手各部會協助新創事業掌握 5G 商機，並從天使投資、創投投資、信保融資，甚至修正《公司法》可發行無股票面額、特別股和公司債以便籌資並共襄盛舉。

　　國際新創基地（Taiwan Tech Arena，簡稱 TTA）是科技部所規畫設立的國家級扶植新創事業的平台，透過媒合產學研能量、新創團隊及國際加速器，預計每年培育至少 100 個新創團隊，預期有 20% 的成功率；而散布在台灣各企業、學校、咖啡館的各種新創基地更是不計其數，同時「注資快、回收慢」紛紛陣亡的新創公司也是多如牛毛，形成網路泡沫新危機。2017 年的矽谷只有 14 家科技公司掛牌上市露出端倪，曾經是天使投資人追捧的市場寵兒，於今安在？一大群新創的螞蟻雄兵，即將成為吃角子老虎？胖恐龍？獨角屍或獨角獸？讓我們拭目以待。

表 6.1　全球各地區的獨角獸一覽表

地區	公司名稱	創立時間	創辦人	使用人數	主要產品	市價估值
歐美	Airbnb（愛彼迎）	2008 年 8 月	切斯基 傑比亞	1,600 萬 /2014 年 200 個國家 / 8 萬個城市	網路出租民房 55 萬間客房	310 億美元
	Uber（優步）	2009 年 3 月	卡拉尼克	10 億用戶 78 個國家 /600 個城市	網路叫車（300 萬個司機） 每日出行規模 1,500 萬人次	3 兆美元
	WeWork Labs（創業顧問實驗室）	2010 年 2 月	亞當·紐曼 米格·麥克維	全球 21 國、71 座城市 擁有 21 萬會員	辦公室出租 全球 242 間共享辦公室	450 億美元
中國	Face++（曠視科技）	2011 年 10 月	印奇	北京有 30 萬支監視攝影機，覆蓋率 100%	專注於圖像辨識、深度學習 FaceID、人臉識別雲平台	10 億美元
	滴滴出行（小桔科技）	2012 年 6 月	程維	5.5 億人	網路叫車（2,100 萬個司機） 每日出行規模 2,500 萬人次	680 億美元
	ByteDance（字節跳動科技）	2012 年 3 月	張一鳴	抖音　5 億戶 TikTok 1 億戶	今日頭條 App 個人化新聞流	750 億美元
	Royole（柔宇科技）	2012 年 5 月	劉自鴻	直接挑戰南韓雙雄 三星、樂金	彩色軟性手機面板 軟性傳感器	50 億美元
台灣	優拓資訊（Yoctol）	2015 年 1 月	黃鐘揚	基金公司、好車網 聯合診所……等	AI（ChatBot）工具與平台 繁體中文 / 一站式 以 Saas 模式收取月租	2 年內 /2 億美元
	睿能創意（Gogoro）	2011 年 8 月	陸學森	6 萬名車主	電動機車市占率突破 7% 換充電池並行系統	8 億美元
	沛星互動科技（Appier）	2016 年 2 月	游直翰	1,000 家知名企業 / 亞洲 14 個市場有據點	用 AI 提升企業營運績效 用 AI 優化產品或服務 making AI easy	10 億美元

資料整理：顏長川

🔍 「優化新創投資環境行動方案」績效，獲多項國際評比肯定

數位經濟→產業轉型仍要靠新創產業：

新創將是驅動引擎，市場經濟則是載具，台灣產業需靠新創帶動。

🔍 中日「獨角獸」數量為何如此懸殊？

2019 年，全球共有 390 家獨角獸：

中國：96 家（約占總數的 17%）。

美國：116 家（約占總數的 49%）。

日本：3 家。

🔍 市值超過 100 億美元的「超級獨角獸」

2018 年，全球共有 22 家。

中國：7 家（2019 年 1Q +2 家）。

日本：0 家。

案例

《惡血》（BAD BLOOD）
── 矽谷獨角獸的醫療騙局

　　伊莉莎白・霍姆斯（Elizabeth Holmes）在一場「檢驗 SARS 病人檢體」的暑期實習中，突發奇想：「如果一滴血就能做二百多種檢測，從常見的血糖檢驗到癌症篩檢，費用還只要傳統檢測的十分之一，那該有多好！」因此，19 歲的她就決定從史丹佛大學輟學，用一份 26 頁的文件，開啟對於疾病檢測新科技的想望，企圖打造「改變世界」的生技新創公司 Theranos。

　　短短十年間，竟吸引了德豐傑投資（DFJ）、傳奇創投家唐納・盧卡斯（Donald L. Lucas）、甲骨文公司的共同創始人賴瑞・艾利森（Larry Ellison）、美國前國務卿喬治・舒茲（George Shultz）及亨利・季辛吉（Henry Kissinger）、柯林頓政府及川普政府的兩位國防部長威廉・裴瑞（William Perry）和詹姆士・

馬提斯（James Mattis），還有媒體大亨魯伯特·梅鐸（Rupert Murdoch）……等人；這樣黃金陣容的董事會成員，等於給 Theranos 蓋上正字標記，吸引無數知名人物投資，讓 Theranos 一舉成為矽谷最有價值的新創公司之一，Elizabeth Holmes 亦成為矽谷第一個身價數十億美元的女性科技創業家。她被譽為女版賈伯斯、《富比世》（Forbes）全球最年輕的創業女富豪、《時代》（Time）雜誌全球最有影響力的百大人物之一。

Theranos 的這項劃時代醫療技術曾被視為「顛覆血液檢測、翻轉醫療產業、改變醫療保健支出」的最偉大創新；但董事會裡喬治·舒茲的孫子——泰勒·舒茲（Tyler Shultz）的一個爆料、一封匿名檢舉信，引起兩度獲得普立茲獎《華爾街日報》記者約翰·凱瑞魯（John Carreyrou）的好奇，即使受到告訴要脅、不知名人士跟蹤，他仍勇敢暗中深入調查，在 2015 年首度踢爆這起醜聞，呈現 Theranos 執行長伊莉莎白·霍姆斯詐欺行為的大量證據，揭露 Theranos 以往不曾曝光的邪惡祕密，在六個月內竟使高達 90 億美元的生技獨角獸極速崩解？一則新創神話變成一場 3,000 億元獨創醫療科技的超完美騙局。

約翰·凱瑞魯花了三年多時間，深入訪談超過

一百五十人（其中有六十幾位是 Theranos 前員工），極力促成報導上線、完成《惡血》（*BAD BLOOD: Secrets and Lies in a Silicon Valley Startup*）一書的出版；將 Theranos 的技術與失敗之處描述得清楚易懂，同時生動勾勒該公司有毒的企業文化，以及支持者出於妄想的熱忱擁戴，成就一則耳目一新的警世故事：「關於充滿遠見的創業冒險，如何走岔了路。」《書單雜誌》（Booklist）書評盛讚：「凱瑞魯費盡心思投入於揭發霍姆斯的犯罪，確確實實有拯救生命的價值！」本書另榮登《紐約時報》、《出版人週刊》暢銷榜，美國 Amazon 當月最佳書籍，超過 2,400 名讀者高度評價 5 顆星，並已售出多國版權（德、荷、義、日、英、韓等多國）且即將改編成電影，由奧斯卡影后珍妮佛・勞倫斯（Jennifer Lawrence）主演，令人無限的期待。

第七章

注意力經濟的省思

陳士駿在 2005 年創立 YouTube，剛好碰到 Facebook、Twitter、Myspace 等社交網站崛起，網路的頻寬也開始快速發展並且新的影音格式技術有重大發展，再加上充分利用人人愛「分享」的特性，經過一年多的努力，於 2006 年風光地以 16.5 億美元賣給 Google，成功的打造了現今網路世界最大的影音網站。Google 的龐大財力和優異搜尋技術馬上解決了 YouTube 在伺服器上的大量需求，維護與後續海量影片中搜尋技術的精準度，成為一個雙贏的購併。早期 YouTube 的網站只能上載 5 分鐘的短片，2010 年，已經開始可以放上超過 30 分鐘長的影片了。最近，中國最夯的「中國好聲音」決賽影片在 YouTube 的時間竟長達 4 小時，可以說是宣告「注意力經濟」時代的來臨。

((•)) 新媒體的吸睛大法

　　所謂「注意力經濟」也稱做「眼球經濟」，是伴隨著互聯網而產生的一個新名詞。評判一個網站是否成功？首先看每天能吸引多少人上網瀏覽這個網站，也就是點擊率有多少，有點類似報紙發行量。點擊率高了，等於發行量大，這個網站可就值錢了。而「新媒體」是指數位技術在資訊傳播媒體中的應用所產生的新的傳播模式或形態，

在美國通常是指上述的影音網站（YouTube）、社交網站（Facebook, Twitter）、搜尋引擎（Google）⋯⋯等；在日、韓，LINE 逐漸成為新媒體的領頭羊；在台灣，則以數位內容、數位學習、數位典藏、遊戲產業等做為政府稱呼新媒體的詞彙。

新媒體若再具體細分，則為入口網站、搜尋引擎、虛擬社群、RSS、電子郵件／即時通訊／對話鏈、部落格／播客、維客、網路文學、網路動畫、網路遊戲、電子書、網路雜誌／電子雜誌、網路廣播、網路電視、手機簡訊／多媒體簡訊、手機報紙／出版、手機電視／廣播、數位電視、IPTV、行動電視⋯⋯等可說不勝枚舉。由於新媒體僅能代表少數人持續進行操作或炒作，但感覺好像有很多人在談論某些事情；其實不然，如果失當欠思考，可能導致網路霸凌的情況發生，任何言論都必須小心；但新媒體的吸睛大法，任何人也抵擋不了。

2017 年，全球上網人口約 33 億人、M2M 約 175 億台、一年手機銷售量約 15 億隻；全球網民每天使用 3C 總時數約 8 小時（超過睡眠時間）；全球網民整體上網時間總和的 76% 是在行動裝置中進行，電影是行動用戶最常收看類型。62% 的網民是在車上、桌上、床上同時使用多個螢幕（100 吋 ~6.5 吋的電視、電腦和手機）的多螢人，傷睛、

傷情又傷心。智慧手機已是現代人日常生活中不可或缺的隨身配備，每個人手機平均有 50 個 App，但常用的僅有 6 個；有人甚至把手機螢幕的第一頁戲稱爲「全世界最昂貴的房地產」。人們的注意力已經從報紙、電視轉移至平板電腦、手機，各種行動裝置搶走消費者 48% 的眼球時間及 41% 的廣告預算，「舊媒體」就算沒死也僅剩半條命了。2016 年的行動廣告的預算大於電視廣告的預算，形成「黃金交叉」。

((ᵗᵢᵗ)) 人人都是自媒體

全球第一的社群網站——Facebook 創立於 2004 年，當初只是想要讓哈佛大一學生看看照片彼此認識一下而已，沒想到發展至 2017 年，全球使用人數竟高達約 20 億人。有人以「穿著 T-shirt 的國王」稱呼馬克・祖克伯；全球約有 7,000 萬家企業在 FB 創立專頁，每天約有 10 億人用手機觀看 80 億次影片、訊息傳送約 450 億則、照片分享 20 億張……等，可說是一個傳播速度極快，影響力極大的媒體。

社群或影音網站初期以文字、圖片、照片或短片……等工具發揮單純的社交功能；一旦允許放上「長片」，甚

至可「直播」後，已經把人人都變成「自媒體」，敢言敢秀的人得到徹底的解放；能說善道、才華洋溢的人，可能瞬間吸引成千上萬的紛絲，一夜之間，從素人變成「網紅」，賣東西可產生「秒殺」現象，因而有廣告分潤等收入。目前台灣約有 20 萬人希望能透過直播成為網紅而有較豐富的收入，20% 是未滿 18 歲（最小 11 歲）的少女，一天花 6 小時掛在網路直播，較有名的直播站有 MEME、Up、17……等；較成功的網紅有蔡阿嘎、館長、理科太太、那對夫妻、亞洲統神——張嘉航、這群人……等。專家提出「自媒體＝網紅＋社群＋直播平台＋電商」作為自媒體的行銷公式。

((((•)))) 原創節目是王道

近幾年，消費者使用手機的行為有很大改變，「人手一機，機不離身」是常見的現象。使用手機時數約 3~6 小時，大都用來玩遊戲、聽音樂、看影片、上社群網站，接電話反而很少。免費內容已經到頂，每個人時間有限，大家反而會願意花一點錢，獲得更精緻、有用的內容。亞馬遜的執行長貝佐斯對「付費新聞」的未來非常樂觀，大家都願意保護版權，讓原創者有獲利機會，大家都同意（影

響力＋付費模式）是媒體的救命仙丹，紛紛自製內容並朝付費方向發展，如 HBO 已投下 20 億美元、Amazon 已投下 10 億美元，而 Apple 將投資 10 億美元、Netflix 則將投資 60 億美元……等，同時透過大數據知道消費者想看的內容，想買的產品……等。

《唐伯虎點秋香》居然可在有線電視重播千次以上，而消費者每月只花 600 元就可吃到飽（可看 200 多個頻道，其實大都是垃圾節目）。五大系統業者壟斷了 80% 的全國訂戶，收取 85% 的廣告營收，長期主宰產業的營收與利潤分配；還不時運用潛規則進行蓋台、移頻或下架……區經營、分級付費，驚醒有線業者，趕緊結合自家的電信業者和其他盟友，準備重新站上衝鋒發起線，爭奪消費者的眼球，贏得大家的青睞。

中華電信於 2005 年開播 MOD（Multimedia on Demand），讓觀眾收看電視節目有一個全新選擇；經過幾年的努力，在價格、高畫質頻道、加值服務及隨選影片等服務，與有線電視做出區隔化；更在 2011 年突破百萬訂戶，奠定了其市場競爭力。但多年來因為受到各種不合理法規如：黨政軍條款、沒有組餐權、近用頻道不收費……等的牽絆，再加上有線電視業者的不公平競爭，很多的頻道商在五大系統業者的威脅利誘下，根本不敢到 MOD 上

架，以致 MOD 的內容乏善可陳。到 2016 年，僅有 130 萬個訂戶，6 年來僅增加 30 萬戶，13 年來的累積虧損為 315 億元。中華電信鄭優董事長一上任即提出 200 萬訂戶讓 MOD 轉虧為盈的不可能任務，不畏艱難地執著陸續推出合理分潤、消費者自主權、頻道區塊化、吳念真和戴資穎雙代言……等策略，關鍵頻道紛紛歸隊，內容耳目一新，在短短半年內淨增加 30 萬戶，證實「內容是王」的經驗談。2018 年底完成 200 萬個訂戶的里程碑後，馬上朝著下一個里程碑：300 萬戶邁進！

((ꞏ))▲ 笨水管或聰明盒

在 5G 和工業 4.0 時代，產生「數位匯流」的現象；新世代觀眾已不再按照節目表，乖乖坐在電視機前收看，而是按照自己需要或時間方便才收看；出外用 6.5 吋手機看影音，回家把影音投放在 100 吋電視上，他們期望能在所有裝置上實現跨螢幕的無縫觀賞體驗。異軍突起的 OTT（Over The Top）可以在電視、電腦、手機上欣賞，很符合這樣的期待且月費又便宜，又能找出最受歡迎的影片類型、演員和導演……等，甚至可以花大錢拍出如《紙牌屋》（House of Card）的大戲；能製作獨特內容者得天下，再

次印證影響訂戶流失率和回流率的最大因素是內容而不是價格。OTT 簡直就像在網路上開一家電視台，難怪 Netflix 會大膽預測未來 10~20 年，所有有線電視及付費電視將全面網路化；難怪有人會發出這樣的感嘆：「很久沒看第四台，連電視也很少開了！」難怪會有家庭停訂有線電視，願意付費看線上影音。

一般機上盒只能看 20 台的無線電視，而智慧型數位機上盒則可放入 HD 電視節目、多媒體播放、內建卡拉 OK、遊戲、劇院……等功能，甚至考慮到未來的智慧家庭生活的需求如遙控門鎖、電視、冰箱、冷氣……等，把所有的需求都整合在一個單一平台的機上盒，如 Apple TV 盒、OVO 盒、BANDOTT 盒、小米盒……等，其威力猶如在每個家庭埋下一顆核彈。兵家必爭之地將從「笨水管」轉移到「聰明盒」；也就是說：「過去講 Last Mile 到戶，現在講 First Mile 掌握客戶」。

樂觀的賣鞋人到非洲看到非洲人驚嘆一聲：「太好了！這裡的人都沒有穿鞋！」樂觀的資通訊人看到下列重要數據（還沒上網的人口有 39 億人、沒有使用行動服務有 25 億人、沒有寬頻網路的家庭有 11 億戶、家庭寬頻速率小於 10Mbps 有 3 億戶），應該大叫：「太好了！還有很大的成長空間！」中華電信、富邦集團、鴻海集團不

應該把彼此視爲假想敵？而應該把矛頭指向尖牙股 FANG
（Facebook、Amazon、Netflix、Google）。

表 7.1　各種看電視方式之優缺點

方式	優點	缺點
有線電視	頻道多	廣告多，畫質爛，有 LAG
	可分接多台電視	分接過多電視要加錢
	不用多一台機上盒（類比訊號）	多一台機上盒（數位訊號），綁規格
	不用多一隻遙控器（類比訊號）	多一隻遙控器（數位訊號）
	與寬頻網路共用線路（數位訊號）	頻道訊號不清
數位電視	花費低，僅機上盒費用	頻道少
	畫質好，達 HD（1080i）	內容陳舊過時節目
	可分接多台電視（訊號夠強）	多一隻遙控器和機上盒
MOD	基本花費少（除非另看付費節目）	可選擇頻道還不多
	與寬頻網路共用線路（數位訊號）	多一台機上盒
	想看就看隨時看	多一隻遙控器
	畫質佳（光世代可提供 HD 畫質）	光世代的硬體建置未完全普及
	提供理財 ... 等附加功能（付費）	不少節目要收費（點菜模式）
衛星電視	畫質佳（HD 畫質）	建置成本高
	節目型態內容不同	需具備該收視節目語言的語言能力

資料整理：顏長川

第八章

內容行銷的下一步！

傳統世代的行銷法從 4P（Product、Price、Place、Promotion）進展到社群世代的 4C（Creating、Curating、Connection、Culture）再演化成 N 世代的 ABCDE（Anywhere、Brand、Communication、Discovery、Experience）；行銷媒介從類比的報章、雜誌、廣播、電視到數位的部落格、社群網路、OTT、直播；數據或資訊從封閉的限量到開放的大量、巨量、海量、無限量，甚至已到氾濫成災的地步。這些外在環境鋪天蓋地的變化，對行銷人員造成極大的威脅——拼死命的叫賣聲聽不見了，潛移默化的廣告片看不到了。網路的發展帶來剪線潮（cord-cutting），有線電視（CableTV）用戶紛紛轉向網路電視（IPTV），如果說有線電視是頻道為王（Channel is king），那麼網路電視就是內容為王（Content is king），而內容行銷將成為主流趨勢。

((•)) 內容為王，行銷主流

所謂的「內容行銷」是一種藉由不斷產出高價值、與顧客高度相關的內容來吸引顧客的行銷手段，主要目的在長期與顧客保持聯繫，避免直接明示產品或服務，持續提供精彩絕倫的內容給顧客，以改變顧客行為或消費習慣，最終讓顧客對企業產生信賴感和忠誠心，成為死忠兼換帖

的鋼粉。90% 的行銷人員採用內容行銷直接與消費者溝通，都非常肯定其成效（網站流量增加 8 倍、轉換率和變現率高出 6 倍、客戶資料線索（leads）多出 3 倍、成本卻低 62%），而 68% 的行銷長（Chief Marketing Officer，簡稱 CMO）表示內容是行銷上首要達成的目標（表 8.1）。大家都說 2017 年是「內容行銷」（Content Marketing）元年。

表 8.1　傳統行銷 vs. 數位行銷

項目	傳統行銷	數位行銷	備註
導向	供應商	消費者	消費者為王
工具	廣告片（TVC）	微電影	自製節目是終極目標
時間	15~30 秒	3~15 分鐘	剛剛好而已
內容	產品或服務	故事	故事優先
頻道	電視廣播	網路直播	CableTV → IPTV
成本	高（100%）	低（38%）	62% 成本
流量	1x	8x	增加 8 倍
轉換率	1x	6x	增加 6 倍
變現率	1x	6x	增加 6 倍
客戶資料線索	1x	3x	leads 多出 3 倍

資料整理：顏長川

當電視的影響力還是獨霸一方時，如果有一個產品或服務希望讓消費者知道，可能會找來廣告公司一起討論並拍出一支好看、有創意的廣告，然後放到電視上播它千遍也不厭倦，往往也能夠帶動消費者的購買意願。社群媒體時代，電視廣告的投放已經很難有效地觸及到每天被各種資訊轟炸的消費者，每個人的眼睛停留在電視上的時間，早已被電腦、平板和手機給徹底瓜分殆盡，更何況現代的年輕人已很少看電視了。

行銷常會透過社群媒體、官網貼文、電子報、部落格、影片、活動……等工具去增加品牌知名度及消費群、提升銷售、獲取名單……等；在運用新興社交平台（twitter、Instagram、Line、YouTube、FB……等），除了注重其會員成長率外，還會追問其活躍會員成長率；同時依據在不同發展階段的消費者行為設立關鍵指標分別控管，如認識（瀏覽量、人次、時間、按讚、分享）、考慮（名單數、看更多、聯絡我們、回官網的點擊率）、轉換（完成訂單數、長期業績金額、長期客單價提升率）、忠誠（回訪率、訂閱數、轉點數），運用這些關鍵指標去找目標對象，應該會很精準！

((•)) 吸睛大法，集中注意

「眼球經濟」乃互聯網時代的一大創舉，諾貝爾經濟學獎得主赫伯特・西蒙說：「隨著信息的發展，有價值的不是信息，而是注意力。」國內也有學者指出：人類的注意力有限，而世界的信息無窮，這種「供不應求」的狀況，促使注意力成為無價之寶，誰能吸引更多的注意力，誰就會成為新經濟市場的主宰。「眼球經濟」也稱做「注意力經濟」，也就是說再多的數據，不如用「一圖一印象」，把複雜資料變成視覺故事，更能吸引現代人的注意力。對通路商而言，商品的陳列與內容的傳達，也是眼球經濟的一環，如何有效操作、表現特色，則成為銷售績效提升的關鍵！行銷人員可能天天都在傷腦筋：如何吸引新顧客？如何維持現有客戶？如何提升銷售業績？

矽谷創投家帕爾（Ben Parr）於 2015 年寫了一本書《吸睛術》（*Captivology*）用來代表讓產品、服務或想法獲得注意力的科學。他把注意力的形成，區分為三個階段：當下注意力（受到外界刺激時，立即產生的直覺式注意力）、短期注意力（短期聚焦在某件事情、想法、人物上面）、長期注意力（長期聚焦在某件事情、想法或人物上）。並因而發展出七個注意力的引爆法則（triggers）：(1)開啓自

動反應（Automaticity）；⑵改變認知架構（Framing）；
⑶打破期待，製造顛覆（Disruption）；⑷用獎勵吸引注意
（Reward）；⑸建立信譽（Reputation）；⑹製造懸疑效
果（Mystery）；⑺發揮肯定的力量（Acknowledgement），
真不愧是吸睛專家。

最厲害的吸睛大師，會為他的客戶、觀眾、粉絲或部
屬創造一種社群的歸屬感。臉書（Facebook）能夠成為全
世界最受歡迎的社群網路，就是因為在這裡，會得到別人
的關注，所以，想要爭取長期注意力，就要創造這種感覺。
帕爾的七個吸睛法則，也許無法讓人一炮而紅，然而，只
要依照個別需求，巧妙使用，絕對能幫產品、品牌或想法
贏得更多眼球的關注，提高成功的勝算。「關注那些關注
我們的人」是吸睛術的最高境界。

((⁚)) 語出驚人，隨處可看

川普（Trump）是崛起於紐約第五大道，有三次破產
紀錄的建築商。1990 年代，因快速擴充加上經濟不景氣，
負債近百億美元，瀕臨倒閉危機，銀行催債十萬火急，他
不疾不徐地提出「凍結還款五年計劃」，還語帶威脅：「繼
續支持我，我會回報各位長遠的獲利，如果讓我破產，大

家都受害！」銀行家們迫於「大到不能倒」的壓力，只好被同意。川普華麗轉身成為富可敵國的紅頂商人，還自任影集《誰是接班人？》（The Apprentice）的主持人成為最會行銷自己的賭場大亨。劇中的一句台詞：「You are fired！」令人不寒而慄，最後竟運用推特（twitter）把自己送進白宮成為美國總統。川普習慣在第一時間發推與全世界的人直接溝通並對抗假新聞，他本身就是自媒體，想讓美國再度偉大和再度閱讀。他是一個非典型政客，嚴格說來是一個投機商人，善談判，精算計，喜歡變色龍和鎂光燈，語不驚人死不休。褒貶不一，愛恨交加，形成「川普奇蹟」，把普丁、習大大、金小胖都比下去了。人人以跟他「同框」為榮，難怪在競選期間，選民會對他高舉這樣的牌子：「You are hired！」他應該是目前全世界最大咖的「網紅」，引起各國領袖政要競相仿效。

網飛（Netflix）創立於 1997 年，是美國 DVD 影碟宅配服務公司，號稱可找出最受歡迎的影片類型、演員和導演……等，推薦給客戶或自製節目；2007 年，追加網路串流影音內容服務，號稱可以在電視、電腦、平板、手機上欣賞，很適合無線網路時代的視聽需求，更以低價便利服務擴大市場，每天在全球播放影片，總時數約超過 1 億小時，把百視達（Blockbuster）打得滿地找牙。2013 年，

首播首齣自製大戲《紙牌屋》，在美國掀起收視狂潮，單季新增用戶高達 305 萬人，營收破十億美元。確定影響 Netflix 訂戶流失率和回流率的最大因素不是價格，而是內容；CEO 哈斯汀有感而發：「只要能製作非常獨特的內容，天下就是你的！」引起了一陣跟風，Apple、HBO、Amazon 紛紛投下鉅資自製節目。2017 年，Netflix 的付費會員約 1 億人，分布在全球 200 多個國家，成爲全球最大的 OTT 業者。

((•)) 內容行銷的下一步

社群媒體愈來愈無所不在且內容行銷當道，湧入的資訊需要以更新的溝通方式來消化與處理，「資訊圖」（Infographics）正是引導這類新思考模式的先鋒，它是「資訊」（information）和「圖表」（graphic）兩個字合併的說法，利用插圖、大型排版，以長形呈垂直方向來顯示各式各樣的內容；簡單地說，就是使用編輯過的資訊與視覺圖像，以吸引固定與潛在客戶對於公司網站更關注的做法，也就是「資訊的視覺化」。

行銷人員想要傳達給消費者的「內容」，必須設法先把它「視覺化」和「故事化」，再變成「漫畫書」和拍

成「微電影」，最後發展成自製節目的「連續劇」和「影集」；藉著「直播」和「OTT」方式，最好能造成全球「追劇」的瘋狂現象！如果這樣還不管用，那麼行銷人員只好使出最新且最後的殺手鐧，將內容「遊戲化」變成「手遊」、「桌遊」和「電競」，一舉成「網紅」。美國當代普普藝術大師安迪‧沃荷（Andy Warhol）於 1968 年曾預言：「在未來，每個人都能成名 15 分鐘」，誠哉斯言！

第九章

網紅搶八千億元商機

古早時候，有人主張「溫良恭儉讓」，也有人主張「語不驚人死不休」；移動互聯網時代，有人主張「韜光養晦」，也有人主張「不流芳萬世也要遺臭萬年」。這是一個「人人都是自媒體」的時代，每個人都需要「自我行銷」。從Michael Jackson、瑪丹娜、Lady Gaga、川普、金小胖、習大大、Papi醬、張大奕、MC天佑、17直播、蔡阿嘎、館長、五月天、阿北、韓粉、辣台妹……等人，可說是轟動萬教，驚動武林！其中尤以「川普」每天以幾則推特（twitter）就將全天下攪得天翻地覆，不愧是「天下第一網紅」！

((·)) ▲ 網紅是當紅炸子雞

　　現場直播（Live broadcast）或稱實況轉播，是指各傳播媒體以現場即時的方式播出節目內容的行為，可分為電台直播、電視直播、網路直播等方式。近年來隨著電腦運算效能提升、寬頻網路普及，線上影音平台興起，在網際網路上公開播出即時影像的娛樂變得極其受歡迎。大多數電視台現場直播會在右上角標註「直播」，有時也會在「直播」下方加註（LIVE）；若是當天的延遲直播，簡稱「延播」（Delay Live），或直接說D-Live。20世紀50年代末，當時的錄影帶技術由於費用過高，採用速度緩慢，

一些電視節目直到 20 世紀 70 年代才開始播出，某些節目可能會在某些時區直播，而在其他節目或地點中會延遲。

因直播技術的突飛猛進，讓消費者的直播成本趨近於零，技術門檻簡單到可由「懶人包」來解決，原則上憑著一隻手機就可直播，所以任何「有話要說，有影片要秀」的素人，現在就有很多的直播平台可以選擇。而各傳播媒體和網路大咖都已把「直播」變成「must have」的功能之一如：斗魚（每個人的直播平台）、YY（全民娛樂的互動直播平台）、網易 CC 直播（大型遊戲直播平台）、Elta-Sport-Live（NBA、MIB、各類體育活動的直播平台）、理科太太（知識科普）……等。臉書（Facebook）於 2016 年底全面開放並推動影像直播，宣告「人人都是自媒體」時代已經來臨，2016 年可說是網路直播元年或網紅元年，各行各業、各式各樣的「網紅」如雨後春筍般冒出，像當紅炸子雞。

「網紅」就是外表出眾，具有才華和網路知名度，有大量粉絲的紅人，能夠影響他人（Influencer）或被尊為意見領袖（Key Opinion Leader，簡稱 KOL）。誠如台灣最大網紅經紀公司 PressPlay 所說：「經營頻道的道理跟創業一樣，觀眾的眼球已從傳統媒體轉向網路網紅！」歷經具有文筆和才情的「文字網紅」，到無圖無真相的「圖片網

紅」，再到語音、歌曲、視頻、直播的「全媒體網紅」三階段。部落客算初代網紅，現今的網紅指的是 YouTuber、Instagramer、粉絲頁或直播主等。義大利米蘭網紅法拉格妮（Chiara Ferragni）大造時尚王國，社群行銷 IG 粉絲有 1,700 萬人，曾說：「想當網紅的人無不勇敢秀自己！」在網路上擁有自己的平台與粉絲群，也就是所謂「自媒體」；「網紅」能把人氣轉化為買氣，把粉絲變消費者並變現，則稱為「網紅經濟」。約 80% 的台灣民眾每天收看 YouTube；而 55% 的民眾會因 YouTuber 產生消費行為。

((°)) 網紅靠什麼吃飯？

目前以自媒體當正職的網紅僅占 5~10% 左右，其餘皆為兼職經營，可見網紅的收入有限，主要的變現手法有下列五種：(1)廣告分潤（一年內影片觀看總時數超過 4,000 小時，1,000 人訂閱）；(2)直播打賞（直播月薪 +X）；(3)付費訂閱（@99~399 元）；(4)廣告業配（300 萬戶訂閱，100 萬元）；(5)個人品牌（有需求的品牌主、廣告代理商、網紅經紀公司、網紅）。以 MCN 多頻道網路的產品形態，將 PGC 內容聯合起來，在資本的有力支持下，保障內容的持續輸出，從而最終實現商業的穩定變現。

表 9.1　網紅的五大變現手法

變現手法	內容說明	備註
邀稿＋活動推廣	讀者／粉絲的族群屬性（個人品牌） 自家品牌的目標客群	自媒體 80% 以上屬此類購物可獲 9 折、8 折或更多
廣告版位	每月需創造 100 萬流量才能變現 台灣上班族的基本收入	廣告分潤 廣告業配
軟性文章	將宣傳內容和文章內容完美結合在一起 用戶閱讀文章時能了解策劃人要宣傳的東西	雙向雙贏 訂閱付費
商品售賣	通過自媒體宣傳自家產品或進行產品售賣 見於粉絲頁或直播時直接介紹產品	連結做「導購」 跟傳統電視購物相似
粉絲行銷	透過內容、服務等進行粉絲群行銷 不必受限原有平台的各種規則或功能限制	搭建平台直接銷售 直播打賞

資料整理：顏長川

　　由於消費者購物時間碎片化、擁抱社群及行動平台、瀏覽高度影音化的趨勢，使網路流量深具影響力和經濟力，2017 年可說是電商直播元年。「直播＋網紅＋電商」

是一種新營利模式，依專家估算：每 1 萬觀看人次約值 10 美元。直播新浪來襲，以台灣的「浪 LIVE」為例：2017 年 1 月正式上線，2018 年 3 月的流量就已衝到全台第一、累積下載流量超過 200 萬次、日活躍用戶量超過 20 萬戶、日均用戶觀看時間超過 90 分鐘、每用戶平均月消費收入（ARPU）超過 800 元（NT$）、付費用戶比例約 10%；2017 年 6 月的單月營收突破億元、2017 年 11 月開始獲利、2019 年全年看好，未來更無可限量，相信浪 LIVE 很快就會想揮軍海外。

((·)) 網紅行銷——「粉絲」是「商機」

自媒體的直播，聚集大量使用者創作或專業創作的內容，且涵蓋許多不同領域的業者，如電商、拍賣、美妝……等。而心理學家說：「現在的消費者比較喜歡沒有經過安排、即時且帶有許多缺點的正在進行（ing）的直播畫面，甚至對露點、忘關、吃香蕉……等不特定的發展結局充滿幻想和期待！」直播主通常都是具有特色和魅力的意見領袖，而直播內容和議題設定又能有效貼近網民並引起注意，可看成是一個建立持續性、孵化忠誠鐵粉的平台。有時衝著某特定目的，可採取限量精品方式或邀請知

名人物互動，雙雙一夜爆紅或紅得發紫，此即為「網紅行銷」。根據麥肯錫的研究，網紅行銷的口碑傳播效應是付費廣告的 2 倍，吸引來的顧客也比用其他方法的留存率高出 37%，但要確保能避免反效果。例如股市的網紅發言可能影響市場，但不會改變股市的本質，若網紅發言造成股市大跌，正好買進，大漲就賣出，見好就收！

　　網紅行銷有「求新、求快、求互動」的三大特性，是最能發揮影響力的溝通工具。但有不少現在的 YouTuber 卻還存有三大迷思：「經營頻道不是專業、經營頻道的收入難以生存、直播市場飽和了」。其實經營頻道就像做品牌一樣，流量當然非常重要，要投入之前必須想清楚：「打造特定領域專業度、鞏固地位、讓競爭者無法仿效；找一件簡單好懂但不容易做到的事去衝頻道觀看次數（流量）、訂閱人數……等，再分析性別、年齡分布、續看率並且做推薦、開放廣告和其他人合作或賣給別人」，如此一來網紅行銷仍是大有可為。

　　中國中信銀行電子銀行部副總經理吳軍說：「打造金融網紅的根本在於為用戶創造價值，中信將會加大智能機器人和智能客服的運用，同時會更加生活化，把銀行的服務和大家的生活場景更緊密地結合起來」；目前中信銀行電子渠道占整體金融交易量的比例已經超過 97%，正準備

把網紅行銷擴大到品牌營銷，重新定義自己，用驚人的創意傳遞品牌價值，創造不同的品牌體驗。建議金融品牌圍繞「信、望、愛」三個關鍵詞，做到與消費者共鳴。品牌是什麼？不是品牌主而是消費者說了算！

((·)) 網紅是第一志願

　　不管是美國、日本、中國、香港或台灣，對學童職業第一志願的調查，越來越多學生希望可成為成功的「網紅」；根據美國每日郵報報導：75% 的年輕人第一志願的夢想成為 YouTuber！現在中國的年輕人第一志願不是金融業、不是從商，而是當網紅；根據台灣 1111 人力銀行的調查：有 44.13% 的上班族和 20% 的青少年，坦言「有意願」想成為網紅，期待年收入有 100 萬元以上；有 89% 的人願花學費 3,266 元透過上課培訓方式成為網紅，真是普天之下，有志一同。

　　網路直播盛行，真的只要有料外加一支手機，每個人就有機會從素人變網紅嗎？其實每個人都心知肚明，要成為網紅是有條件的。除了個人需要有特色、風格和名氣、有創意、夠好笑，具有某些領域的專業外，還要有劇情腳本企劃能力、節目剪輯與後製能力、網路行銷影片能

力……等，不是隨便的人就可以勝任的。但全球高達 8,000
億元的網路直播商機的誘惑和普普藝術家伍迪・沃荷的鼓
勵：「在未來，每個人都能成名 15 分鐘」，也難怪，每
個素人都會在內心吶喊：「我也想當網紅！」

第十章

隨處嗶一下就可以

在貨幣還沒發展之前，人類社會曾有過一段很長的「以物易物」的野蠻交易時代；貨幣的概念產生後，貝殼曾擔任過代幣的功能，後來覺得還是貴重金屬踏實，尤其是金銀銅等，所以有金錠、銀幣、銅板的出現。雖然摸起來很舒服，但帶起來很笨重，總算有人發現用紙幣很方便。然而碰到超級惡性通貨膨脹，一牛車的紙幣卻換不了一顆雞蛋，也不是根本解決之道。隨著科技發展，先用薄薄的一張塑膠卡片當信用卡或金融卡，從此出門不用帶現金，用磁條卡一刷就 OK ！後來用晶片代替磁條，用感應的就可以了；最後，行動支付的普及讓智慧手機變成電子錢包，而金融科技的發達讓智慧手機變成一家分行，真正進到普惠金融的無現金社會。

((·)) 無現金社會

瑞典人口約 1,000 萬，2010 年時使用現金的比例是 40%，到 2019 年現金交易僅占整體經濟的 1%，尤其是 18~24 歲這個族群，高達 95% 的人使用簽帳卡或是手機支付日常消費。1,400 家的實體銀行中，已有半數不再接受現金存款，有 1/5 的人幾乎已不再使用 ATM，甚至有 4,000 人選擇在身體植入 NFC 晶片，伸出手就能感應支付。瑞

典央行擔心現金消失，可能影響控制貨幣發行、調節貨幣的能力，正在研議發行一款結合區塊鏈技術的數位貨幣e-krona（電子克朗），以取代實體貨幣，以便在貨幣完全數位化後，仍保留國家貨幣的功能，預計最快 2019 年就會發行。

非現金支付雖然帶來極大的方便與新的商機，但隨著發展腳步的加速，也不得不讓瑞典政府重新思考現金消失後所帶來的影響如：(1)對老人、殘疾人士、移民、外來遊客造成極大不便，影響當地零售業；(2)一般消費者難以控制及掌握所累積的大量數據，易受監督；(3)容易受到停電、駭客攻擊……等影響。令人不得不懷疑：「無現金社會一定好嗎？」走最快的瑞典現在也要放慢腳步了。有人開玩笑說搶匪一定第一個反對無現金社會：「叫我去哪兒搶錢？」偽鈔集團第二個反對：「偽鈔技術已無用武之地！」

2018 年是新台幣發行 70 周年的日子，也是行動支付元年；一方面要緬懷新台幣，一方面又嚮往「無現金社會」，似乎有點矛盾。然而「數據」是第四次支付革命最核心的關鍵，因為交易行動化、數位化，用戶體驗因而更個人化，支付也會滲透到每一個設備當中。因此，台灣政府希望到 2025 年，行動支付普及率可以提高到 90%。但

台灣的治安良好、偽鈔少、ATM 多、超商取貨便利、O2O 連結佳，除找零不便外，使用現金沒什麼不方便，非現金支付也沒什麼迫切性，行動支付還有得推。中國的情形剛好跟台灣相反，跳過信用卡行動支付一步到位，在上海買菜可用手機支付，而北京的乞丐會用微信支付行乞。

((·)) 用手機嗶一下

　　近十年來，世界各國電子支付業者積極推展，顯示行動支付市場商機無限，金融業、網路業、零售業、科技業……等，大家都想分一杯羹。不再使用現金的社會，工具至少超過 20 種，尚未出現一家全球性的領先公司。Paypal、螞蟻金服、騰訊、Paytm（印度）……等 Candidates 人人有機會，個個沒把握；中國甚至將行動支付與高鐵、共享單車、網購並列為新四大發明。台灣的資策會對「行動支付」定義如下：使用智慧型手機，透過 QR Code 掃瞄、NFC 感應、聲波傳輸或一維條碼，在實體環境付款，取得商品或使用服務的支付方式。

　　行動支付會留下許多值得分析的資料，讓業者能對正確客群提供更精準的服務與行銷。交易筆數愈多、總金額愈大，除了手續費上可以積少成多之外，滯留在平台內

的資金也可做適當的短期投資，獲得額外收入；而擁有更準確的趨勢解讀能力，還能開拓廣告業務。如果在經營模式上可以接受儲值或身為電子商務中為買賣雙方擔任付款媒介的第三方支付平台，還可以有龐大的金流可運用。根據資料顯示，台灣電子支付比率在 2016 年底是 34%，到 2019 年上半年僅達 41%，預計全年交易金額將破 1 千億元；金管會希望 2020 年能達到 52%，仍有相當的難度。

千禧世代有 94% 每天使用行動裝置，60% 的搜尋都是在行動裝置，50% 以上的廣告預算在行動裝置（2016年，Mobile 廣告 >PC 廣告）。因為行動支付的兩大應用——QR Code（掃碼）或 NFC（感應）的使用過程，手機都會「嗶」一聲；因此，行動支付又暱稱為「嗶經濟」。

台灣的金融機構很發達，甚至有銀行過多（overbanking）的顧慮，每家超商幾乎都有 ATM，偽鈔的問題不大，消費者仍習慣用現金。而攤商和夜市文化，若交易太透明深怕被課稅？民眾本身已習慣於支付多元化，缺乏改用手機的誘因？經濟還有得「嗶」呢！

但台灣的手機普及率幾乎已達 100%，年輕人也可接受電子票證直接放入手機，行動支付百花齊放，「嗶」經濟還是大有可為（如附圖 10.1）！

圖 10.1 台灣的支付有哪些？

	電子支付			第三方支付			電子票證		
主管機關	金管會			經濟部			金管會		
最高儲值金額	50,000元			✕			10,000元		
可否轉帳	✓			✕			✕		
代表公司	歐付寶 歐付寶	橘子支付	智付寶 智付寶	LINE Pay Line Pay	Pi Pi 錢包	街口 街口支付	悠遊卡 悠遊卡	一卡通 一卡通	icash icash

資料來源：金管會和經濟部

((·)) 到處都行得通

　　盧希鵬教授提倡「隨經濟」（Ubiquinomics）理論，他認為在互聯網 × 大數據 × 人工智慧的驅動下，未來將是「得帳戶者得天下、贏者全拿」的全新商業世界。必須掌握隨經濟的 77 個思維模型，才能精準地做 N 個，賺 N^n 個，再創成長的第二曲線。否則將會贏了所有的競爭對手，卻輸給了時代。「隨經濟」是指在隨處科技的發展下，「時間」與「弱連結」將成為新經濟活動中的有限資源；企業競爭的基礎將不再只是品質與服務，更是幫客戶快速解決問題，讓客戶願意繼續把時間花在我們身上。

　　隨經濟的核心思想在透過連結同業、異業、通路、科

技……等，用跨界互動來提升未來產業的競爭力，從隨時（anytime）、隨地（anywhere）、隨緣（anyone）、隨處（any device）、隨支付（any payment）、隨通路（any channel）等六個構面，成為一種自組織的生態競爭（如附表 10.1）。另有隨科技（anytechnology）、隨社會（anysociety）、隨商業（anycommerce）、隨組織（anyorganization）、隨價值（anyvalue）等五大顯像構成新商業文明——時間是有限資源，手機、物聯網、社會媒體、智慧城市、FinTech、全渠道……等是新工具，在個人化的商業環境內，相信陌生人，顧客即夥伴、跨越組織的界線、利他的生態價值思維，讓社會資源與夥伴來使用而賺錢。

表 10.1　隨經濟（ubiquinomics）

日期：2019.12.30

項目	英文名稱	內容	備註
隨時	Any time	延長時間、零碎時間、鎖定	Time Management
隨地	Any where	線下體驗、線上交易	O2O Commerce
隨緣	Any one	意外發現、物以類聚	Social Commerce
隨終端	Any device	智慧手機、平板、PC	Multi Devices
隨支付	Any payment	行動支付、普是標準	e-Payment Commerce
隨通路	Any channel	平台、工具、個人化	Omni-Channel

資料整理：顏長川

工業時代是加法級的經濟量體，要做 N 個才能賺 N 個；數位時代則是乘法級的經濟量體，做 1 個能賺 N 個。然而，隨經濟時代卻是指數級的經濟量體，做 N 個，就能賺 N^n 個！許多衰敗的產業，它們沒有做錯事，只是沒有在對的時間邁向第二曲線。企業應該在自己登峰造極之際，利用自己的第一曲線的資源，率先帶領產業進入第二曲線，因為「你不革自己的命，就等別人革你的命」。

(((·))) ▲ 消費者的痛點變爽點

消費者體驗（user experience，簡稱 UX）要的是操作簡單化、支付數位化、應用行動化，最好還要能跨領域、跨技術、跨場域的整合合作，把 20 幾種使用工具簡化成 4~5 種即可。行動支付的每一筆交易潛藏著無窮商機，「如何把消費者的痛點變成爽點？」是現代行銷人的神聖使命，同時需要掌控行動支付的三大關鍵因素：體驗是讓人想用、通路是讓人能用、數據是讓人愛用。已有國家發展央行數位貨幣（CBNDC），成為零售支付的最後一哩路；而有些的民眾只要輸入手機號碼就能跨行轉帳，真是方便，更增加行動支付普及率目標達成（2020 年 /52%）的可能性。而終極目標是在 2025 年達成 90%。

台灣的消費者，每人有 4 張信用卡、每人有 5 個金融卡帳戶（28,500 台 ATM）和每人有 4 張電子票證；顯然台灣的消費者在支付方面很方便，尤其是現金支付沒有痛點，要改變台灣人喜用現金的消費習慣必須加把勁；從稅負、客量和數位落差去提高特約商店接受非現金支付的意願；把支付、權限、資安連成一條線才是根本解決之道。如果現在不同國家的消費者，面臨這樣的選擇題：**消費者使用什麼工具購物？（①現金、②信用卡、③手機，④手）**，相信會有不同的答案：台灣人會選①現金、美國人會選②信用卡、中國人會選③手機、瑞典人會選④手。真的是百百種。

第十一章

從客廳到眼球的戰爭

端末機（device）是指某種系統的終端，可顯示出最終成果的硬體設備；聽廣播電台放送用收音機、看電視節目用電視機、接收訊息數據用電腦或平板（iPad）、聽電話用電話機、商店磁條信用卡支付要刷 POS 機……等，這些都是所謂的端末機。隨著時代的進步逐一出現在客廳中，現在又隨著科技的發展，從有線到無線，從聲音、影像到數據，全部整合在一起。回家躺在客廳舒適的沙發「看劇」是人生一大享受，出門行動用手機「追劇」是人生一大樂事；65 吋以上的智慧電視（SMART TV）仍是客廳的主角，6.5 吋的智慧手機（SMART Phone）仍是出門隨身必備，而一場從客廳到眼球的大戰早已展開。

((•)) 從老三台到新五台

打開「台灣電視史」，老三台指的是台灣在 1960、1970 年代所創辦的三家無線電視台，分別是台灣電視公司（創立於 1962 年 10 月 10 日）、中國電視公司（創立於 1969 年 10 月 31 日）和中華電視公司（創立於 1971 年 10 月 8 日）。雖然現今台灣的電視台數量早已增加，對於很多出生在 1960~1980 年代的台灣人來說，他們從小就看老三台的節目長大，對老三台有一份特殊的感情。而在此之

後開播的電視台也因此被統稱為第四台。

1970 年 5 月，由於台視與中視惡性競爭，導致電視廣告氾濫，大量播映歌仔戲、布袋戲，竟然形成「工人不作工，小學生逃學，人民不接受政府防疫注射，全國半數以上電影院關門」之現象；曾有協調老三台合併為一家公營的電視公司，使電視節目走上正軌的建議。老三台的生存方式是完全商業性的自給自足方式，老三台的發展路線卻又不得不受許多主觀、客觀、內在、外在的侷限，其實無法穩坐釣魚台。

三台的創立具有濃厚的政治色彩，其分別代表了當時台灣的黨（中視）、政（台視）、軍（華視）三股勢力；依行政層級來區分，則可分為省營（台視）、黨營（中視）、國營（華視），但是互不隸屬。三台之間既合作又競爭，也同時具備商業媒體與公共媒體的性質。由於政治勢力的介入與干擾，三台的內容與後來的二台（民視、公視）及有線台（如中天、東森、三立、年代、TVBS）等電視台相比內容僵化，優勢漸失。1987 年解嚴以後，面對台灣有線電視產業的蓬勃發展，老三台都曾經嘗試開闢有線電視第二頻道或直接規劃直播衛星（DBS），因績效不彰而關閉。2001 年，老三台與民視受到景氣低迷及廣告被有線電視瓜分，造成廣告業績急遽萎縮，導致經營艱困，故列舉

六項不公平的現行法規條款，展開「絕地大反撲」。回想老三台曾締造的輝煌紀錄：《雲州大儒俠》於1960年代電視演出583集，達到全台97%收視率，是當時全台灣社會最熱門的布袋戲；而第一部連續劇《晶晶》的主題曲又迴響在耳際，不禁令人掩卷嘆息！

((•)) 從無線台到有線台

有線電視是一種使用同軸電纜作為媒介直接傳送電視，調頻廣播節目到用戶電視機的一種系統。它的相對是無線電視和衛星電視。台灣的有線電視常被俗稱為「第四台」，被用來收看股票行情及播放電影。另外也有些人購買碟形天線（俗稱「小耳朵」）及接收器，收看來自日本或世界各地的衛星電視。中華民國政府在1993年公告《有線廣播電視法》，1994年正式開放有線電視系統業者登記立案，此後，有線電視頻道如雨後春筍般出現。1998年，基隆市吉隆有線電視成為台灣第一家合法經營的有線電視業者，原本620多家臨時業者淘汰為260家。

有線電視產業分「系統經營者」（依照有線電視廣播法核准經營有線廣播電視者）和「頻道供應商」（依照有線廣播電視法的規定，「以節目及廣告為內容，將之以一

定名稱『授權予有線電視系統經營者播送』之供應事業」）兩種，這當中可能包括業者自行製作或組裝的頻道，以及代理國內外其他頻道。同時，在 1998 年衛星有線廣播電視法施行後，「頻道供應商」若向新聞局申設登記為「衛星廣播電視節目供應者」，也可以利用衛星將節目、廣告傳送給「有線電視系統經營者」。目前全國分為 51 區，有 200 多家頻道業者和 63 家系統業者，服務 500 多萬個收視戶。

　　台灣的有線電視產業經過多年的整併，掌控在凱擘（富邦）、台固（台哥大）、中嘉（宏泰）、台灣寬頻（鴻海，亞太）、台數科等五大多系統經營者（MSO）手中，出現「弱頻道、強系統」和「通路肥、內容瘦」的現象。也磨擦出諸多問題，像消費者付費當冤大頭、重播率高、置入性行銷嚴重、播映與節目表不符、購物台化、頻道商當包租公、罔顧消費者權益……等；引起 NCC 的高度關注：要求電視訊號的數位化、建立頻道的分組付費制度及調整經營區；目的在管制費率以保護消費者權益，提高畫質讓消費者有更多的選擇。但道高一尺、魔高一丈，有線電視盤根錯節且集團化形成的利益結構，為維護既得利益所使出的手段，形成眼前一座無法逾越的大山。最誇張的是一口價看到飽，讓《唐伯虎點秋香》居然重播千次以上，真是看它千遍也不厭倦。

((•)) 從有線台到網路台

　　全球主要國家積極推動電視數位化的轉換，停播類比訊號，2009 年是數位電視元年；IPTV（Internet Protocol Television，簡稱 IPTV）即交互式網絡電視，是用寬頻網路作爲介面傳送電視資訊的一種系統；集互聯網、多媒體、通訊等多種技術于一體，向家庭用戶提供包括數位電視在內的多種交互式服務的嶄新技術。MOD（Multimedia On Demand），是中華電信推出的一種隨選視訊的多媒體平台（IPTV 服務），透過雙向的寬頻網路將各種影音資訊傳至機上盒，再呈現在電視機上，畫質更勝一般數位電視台。經營了 10 幾年，只累積 130 萬用戶竟虧損 300 多億元，勵精圖治後，推出自選餐，並以選取率代替收視率作分潤標準，總算突破 200 萬用戶並於當年度轉虧爲盈。目前正靠著「品質、穩定、安全」向有線電視宣戰，並朝 300 萬用戶邁進，穩居電信龍頭寶座。

　　而 OTT（over-the-top）是指服務提供者透過網路向使用者提供內容、服務或應用。台灣 OTT 業者大致可分爲三種：線上影音平台、頻道業者、電信業者。對於熱愛在網路上追劇、看電影的新世代觀眾來說，再也沒有比現在更幸福的時刻了。「影音串流」（video streaming）的商業模式就是花錢從電影公司、廣播公司或獨立製片手裡買節目，

或與他們合作原創節目，從而建立龐大的資料庫，不斷完善用戶體驗，最後通過用戶訂閱或廣告達到營利的目的。為提高核心競爭力，不受制於昂貴的版權費和版權到期節目下架的約束，紛紛不惜花鉅資打造獨家的原創節目搶占市場。因大家都想要直接接觸消費者做 B2C 的生意，但影音串流並不好賺且改變速度比想像慢，可是已有人喊出：「2019 年是 OTT 元年」，只好打鴨子上架、捨命陪君子。

　　美國影音串流（Video Streaming）平台從十幾年前開始起步，發展至今已對傳統有線電視行業造成嚴重的威脅；越來越多的人選擇「掐線」，轉而訂閱 Netflix……等串流頻道。Netflix 於 1997 年創立於美國加州，原不過是一家小型地區的 DVD 郵寄租片公司，因站對影音串流的風口，經過 10 幾年的努力，竟成一隻飛天豬；2010 年，擊敗 1,500 倍大的影音出租巨人 Blockbuster（百視達）、終結 HBO 於艾美獎的贏家地位、市值超越迪士尼，可以和網路巨擘平起平坐成為尖牙股（FANG 股：Facebook、Amazon、Netflix、Google）。據統計，2019 年 4 月，Netflix 的全球訂閱用戶已有 1.48 億個。MOD 為了讓全世界的人都能看得見台灣，投資公視 4K 畫質的節目《魂囚西門》上架 Netflix，而 Netflix 也能增加一個銷售窗口並強化台灣本土內容，強強合作，何樂不為？

(((·))) ▲ 剪線潮氾濫成新藍海

　　Netflix 在很短時間橫掃全球 200 多個國家，驚動了影劇大咖及科技巨擘，明知是一顆燙手的山芋，也不得不接住；Amazon、Hulu、CBS、HBO、愛奇藝（台灣站）、KKTV、LineTV、Catchplay、Myvideo……等紛紛現身（如附表 11.1），還有很多大咖正前仆後繼！據近 2 年的統計顯示：美國成人觀眾每天平均收看電視降至 3 小時 58 分（首次低於 4 小時）；台灣有 71% 民眾利用手機觀看影音；觀眾已不再按照節目表乖乖守在家裡看電視，而是以自己的需要或時間方便才收看，台灣的收視主流已從傳統電視轉到網路媒體和網路電視了！

　　美國在 2014~2018 年之間，有線電視用戶累積流失約 1,880 萬戶，光 2018 年就流失 540 萬戶；台灣在 2017 年有線電視用戶達到 524 萬戶的高峰，兩年來蒸發 23 萬戶，目前正在進行 500 萬戶保衛戰。相反地，願付費看 OTT 的比例，從 26% 提高到 83%，且對 OTT 幾乎無法可管，有線電視卻被綁手綁腳，大聲喊冤：「不公平！」OTT 是破壞式產業革命。智慧家庭中的各項設備、居家照護、長照……等，可能是有線電視業者的新藍海了。這場從客廳到眼球的大戰、還只是一個開頭、鹿死誰手還不知道呢！

表 11.1　影音串流服務一覽表

類別	名稱	內容	備註
國際台	Netflix	1. 線上訂閱→影音串流 2. 原創為王 3.2018 年有千集以上同時上線	1.原創代表作《紙牌屋》
	Amazon Prime Video	1.免費送貨，免費觀看 2.原創的電視節目和電視劇	1.正在製作《魔戒》 2.預計 2020 年上映
	Hulu	1.傳統的電視節目 2.享受點播服務 3. ABC、FOX、NBC 的 60 個頻道	1.經典節目庫 2.精品電影庫 3.中文「葫蘆」的發音
	CBS All Access	1.節目＋原創 2.雙重優勢	1.只播放 CBS 的影片
	HBO Now	1.HBO Max（HBO Now） 2.專為招線人量身訂做	1.將在 2020 年推出
台灣台	LINE TV	1.Line TV＋Choco TV（允用數據分析） 2.挑選內容，自製戲劇 3.韓國 NAVER 旗下子公司 LINE	1.台灣最大的 OTT 2.200 萬用戶 3.在泰國和台灣
	愛奇藝（台灣台）	1.中國五大影音平台之一 2.悅享品質 3.2016 年 3 月 29 日創立	1.台灣代理商「歐銻銻」
	CatchPlay	1.全球性的娛樂媒體公司 2.院線發行、家庭娛樂、線上電影、網路電視等 3.2007 年創立（威望國際台灣台）	1.穩定度待加強 2.台灣之星 TSTAR
	myVideo	1.擁有全台最多最豐富的影音內容 2.跨平台的各種端末機都能使用	1.台灣大哥大
	KKTV	1.線上影音串流服務第一品牌 2.日劇、韓劇、台劇、陸劇及動漫 3.日本 KDDI 集團旗下 KKBOX	1.想何時看 2.在哪裡看 3.全都在你的掌握中！

資料整理：顏長川

案例

《給力》—Netflix 的用人心法

　　網飛（Netflix）於 1997 年創立在美國加州，原只是一家小型地區 DVD 郵寄租片商；沒想到經過十幾年的努力，竟於 2010 年打敗當初市值大 1500 倍的影音出租巨人百視達（Blockbuster）；2018 年的市值竟超越娛樂龍頭迪士尼並打破 HBO 長期壟斷艾美獎的贏家地位；現在已與一線科技巨擘平起平坐成為尖牙股（Facebook、Amazon、Netflix、Google，合稱 FANG）。Netflix 除了獨具慧眼，轉型切入新世代需求的影音串流服務，打造原創劇集《紙牌屋》，開拓 190 多國的市場之外，Netflix 最強的強項就在「維持創新能力的人才策略」並重新定義「用人」到底是怎麼一回事？

　　珮蒂·麥寇德（Patty McCord）曾擔任 Netflix 人才長 CTO（chief talent officer）十四年，幫助創作「網飛文化集」（Netflix Culture Deck）在網路上揭

露分享，被瀏覽的人次已超過一千八百萬，Facebook 營運長雪柔·桑德伯格（Sheryl Sandberg）譽為「矽谷史上最重要文件」。珮蒂目前的工作是為公司及創業家提供有關公司文化及領導力方面的指導與顧問服務，她也經常對世界各地的團體組織及團隊演講。從珮蒂身上可以學習的重點有三：

(1)直屬 CEO 的 HR——珮蒂自己和 Netflix 的 CEO 並沒有把她定位成一般常見的人資主管，而是更像 Netflix 的策略發展主管或直屬 CEO 的 HR；除了人事外，還要深入學習及了解公司各項業務的運作，才能向 CEO 出謀劃策。

(2)站在 CEO 的角度——珮蒂站在 CEO 的角度，像一個商人而非笑容可掬的 HR 女童軍訓導；能向公司的每位員工清楚且充分解釋決策的背後原因，說明如何為達標做出最佳參與？將遭遇什麼阻礙？

(3)溝通心跳——確保上下雙向溝通，任何階層的任一員工都應該知道公司未來六個月最重要的五件事；持續不斷地溝通才是競爭的優勢命脈，這些都必須透過試驗及修練，才能建立強勁的溝通心跳（heartbeat of communication）花愈多時間溝通，企業績效愈給力。

《給力》（Powerful）於 2018 年 9 月出版，凡是

相信自己可以創造或改變公司文化的人都必須閱讀本書。企業文化是由組織內的人所形成，想要建立什麼樣的文化，就要讓既有的和找來的夥伴，都相信實踐相同的行為價值，CEO 和 CTO 扮演非常關鍵的角色。這是一本觀念書，沒有操作 SOP，稍作牛刀小試，就可能將整個組織翻盤；從本書中可以學到的活用觀念有三：

(1)成熟的成年人——把員工視為成熟的成年人，非常喜愛解決問題，值得信賴，能夠聽到真相且坦誠面對負面反饋；展現絕對誠實猶如呼吸般自然，勇敢一對一面對面提出反饋意見，分享批評；主管握有員工去留的生殺大權，找優秀的人，不合則去。

(2)有意義的工作——傳統瀑布式組織架構的靜態系統已轉變為動態系統，原來僵硬的目標、績效考核、獎懲等制度已不適用；必須招募成熟、一心想要接受與應付挑戰的人，知道正在從事一件重要、能為世界做出貢獻的有意義的工作，這是對員工的最佳激勵。

(3)自由和責任——創立一個自由和責任並重的新工作模式，把員工視為成熟的大人，強調絕對誠實，透明溝通，找未來需要的人上車，給出業內最高薪，以有意義的工作來激勵員工；合則來，不合則去，公司是一支職業球隊，不是大家庭。

珮蒂灌注數十年的經驗，將 Netflix 打造成一個「追求卓越、擁抱變革」的企業、員工成功茁壯的工作環境及以相互尊重、同理心和創造力為基石的企業文化；顛覆企業用人的邏輯思維（沒上限的特休假、沒績效獎金、沒績效考核），刷新大家的人才觀（鼓勵員工去他公司面試）。在 5G 的百倍速時代，不僅企業要發掘、聘用未來需求的人才，個人也要「成為未來需要的人才」，以保持敏捷，能隨著變化而快速行動，讓彼此能持續締造佳績。

◎智慧老人 2019 年讀書 B 計畫——B45

　　一周一書，永不服輸

　　請給我 15 分鐘，看我為你精讀《給力》

　　並找出 3 個學習重點和 3 個活用觀念，外加可能影響一生的 1 句話

書名：《給力》

作者：珮蒂・麥寇德（Patty McCord）

3 個學習重點：

    ⑴直屬 CEO 的 HR

    ⑵站在 CEO 的角度

    ⑶溝通心跳

3 個活用觀念：

    ⑴成熟的成年人

    ⑵有意義的工作

    ⑶自由和責任

1 句話影響一生：成為未來需要的人才

有書有贏，吾願無悔

影片網址：https：//youtu.be/hzl35JGGt4M

https：//youtu.be/qqlOpa4-vuA

第十二章

假如工作像打電競

遊戲是指人的一種娛樂活動過程，體育比賽（Game）是演變而來的一種遊戲。遊戲是一種有組織的玩耍，除娛樂外，有時也有教育目的；遊戲不同於工作或藝術，彼此的分界不一定很明確，像職業運動員的遊戲和工作可能是一體，而拼圖遊戲則同時具有遊戲和藝術的成分。遊戲的主要成分有目的、規則、挑戰及互動，主要特性是有趣、獨立、不確定、無生產性、受規則的約束、虛構……等。原來遊戲還是一門大學問，實體的遊戲，其來有自，虛擬的遊戲，正方興未艾。

((ꞏ)) 玩遊戲的原罪

　　早期，有人設計一些簡單的遊戲在電腦上玩，主要是供長期盯著螢幕工作的人，能伸伸懶腰、稍作休息、調劑一下身心；後來有任天堂發展「掌上型遊戲機」，SONY發展「Play Station」，配合精采的遊戲，蔚為一時風潮。同時「網咖店」在大街小巷竄出，大家都沉浸在「玩電玩」或「打電動」中，並衍生出很多社會問題，造成很惡劣的負面形象。相信喜歡打電動的人，大部分都會遇到父母親的反對，不時會提醒打電動的後果，除了近視、荒廢學業、社交能力變差、事業無成、資金短缺之外，有時甚至會威

脅到生命。因此在大人的眼中似乎打電動是個奢侈又傷身的活動，「打電動的小孩會變壞」，壞人才去打電動！直到「老師採用遊戲化學習（Learning through play），把學習變成打電動」才改觀。

桌遊是桌上遊戲的簡稱，也就是指「桌上玩的不插電遊戲」，起源於歐美國家，因冬天又冷又漫長，大多時間全家人都聚在火爐邊，除了聊天之外，還可以一起玩遊戲，同時家中長輩也可藉此傳承一些人生的大道理。近幾年，台灣有些學校把桌遊用在課後輔導上，因此、學校附近的店家除了網咖店外，還可見到桌遊店，也多了點健康，動腦，互動的歡樂。過年的娛樂也多了一種選擇，不再只是擲骰子、打麻將，玩撲克牌了。桌遊種類可分陣營、反應、策略計算、牌組建構、競標……等類別；其中以策略、合作和操作類最受歡迎，聽說卯起來，也可以玩到三天三夜不罷休。

手遊是在手機上可以玩的遊戲，不論在通勤中、上班中或在家中，隨時隨地只要有空就可玩；自智慧型手機普及以來，iPhone / iPad 取代了掌上型遊戲機或電視主機遊戲機；因為簡易入手、操作方便且行動普及，不但提高玩家年齡（20~49 歲），遊戲量也大增（平均每人每日約玩 1~3 小時，一半以上是中度玩家），大家相信：「打電

動的老人不會失智」！造成行動遊戲市場是線上遊戲的五倍。手遊業者的毛利率僅有 30%，成功率更僅有 5%；除了提升連線及系統服務品質外，還必須設法了解消費者行為並讓操作及安裝更親民、故事有特色和畫面唯美，才能把市場做大。目前的遊戲市暢，還是手機當道，手遊為王。

表 12.1　電競發展史

項目	內容說明	備　註
遊戲 （打電動）	奢侈又傷身的活動 打電動的小孩會變壞，壞人才去打電動 靠遊戲化學習（Learning through play） 扭正形象	任天堂：「掌上型遊戲機」 SONY：「P lay Station」
網咖 （網吧）	提供網際網路連接服務的公共場所 組隊打怪、搶票搶課、沒事殺時間的好去處 衍生很多社會問題，造成很惡劣的負面形象	「好睡網咖」睡一晚只要 350 元 含洗澡、打電動、看漫畫， 飲料喝到飽……等
桌遊	桌上可玩，不插電的 Board Game 需要透過實體的聚會與道具 多了點健康，動腦，互動的歡樂	圍棋、麻將、撲克牌、大 富翁 道具（紙板、標示物、棋 子、骰子……）
手遊	手機上可以玩的遊戲，隨時隨地都可玩 提高玩家年齡，遊戲量也大增 遊戲市暢，還是手機當道，手遊為王	iPhone / iPad 取代掌上 型遊戲機或電視主機遊戲 機（PS）
電競 （打電競）	打電競人才→測試員→職業電競選手→國手 電競產業對經濟和社會的影響力不斷壯大 2022 年杭州亞運會將成為正式比賽項目	韓國目前被認為是電子競 技最強的國家

資料整理：顏長川

((( ))) 打電競的萌芽

「電競」就是電子競技，早期叫作「打電動」，即在線上遊戲打寶賣寶、買賣帳號、代打……等，僅有少數幾個人可以賴此維生；接著是遊戲商為了開發遊戲，招募遊戲測試員，每天打遊戲找 BUG，也就是以「測試員」的身分出現。近幾年，台灣遊戲商為了宣傳旗下遊戲，組成職業聯盟（G 社、TESL 聯盟的華義、橘子……等）並培養自有的職業遊戲團隊，固定時間打聯賽獲得知名度，再用知名度宣傳自家商品、各種站台演說獲得利益（AHQ、Tt……等），這些職業團隊裡的隊員，每個月打遊戲比賽和代言、站台，領固定薪資，這就是「職業電競選手」。每個人小時候都有夢想，工作結合夢想是人生最幸福快樂的事情，有約 50% 的男性青少年，未來想當「電競選手」；「假如工作像打電競」是多麼令人嚮往的境界，而電玩高手成為大企業徵才的新寵。

打電競與打電動是不同的，希望能夠破除傳統刻板印象，進而促進產官學合作，創造電競產業奇蹟。目前電競概念正夯，除了有電競電腦、電競筆電、電競鍵盤滑鼠，甚至還有電競平板、電競手機，似乎只要沾上電競話題，就能夠獲取世界的目光。而瀏覽器廠商 Opera 顯然也是這

麼認為，推出世界第一款「遊戲瀏覽器」Opera GX。世界各國無不熱衷發展「職業電競比賽」。而電競產業舉辦賽事，除了門票收入外，還可坐收賽事版權費和分拆廣告贊助費，衍生商品更是會賺得荷包滿滿，不失為一項充滿遠景的產業。國際市調組織「Newzoo」指出 2019 年國際電競市場將突破 10 億美元，較去年成長約 25%；專家估計：在 VR、AR 的推波助瀾下，2020 年的國際電競市場將飆破 1,200 億美元。

世界各國政府積極從修法、租稅減免、政策補助、績效獎金、電競替代役⋯⋯等獎勵政策著手，為選手發展打下基礎。未來也樂見各地方政府與企業扶持電競產業鏈與培育人才，也可以結合流行音樂、動漫等文化產業吸引電競人口並活化地方觀光。

((•)) 打電競的極致

電子競技（eSports）是指使用電子遊戲來比賽的體育項目。隨著遊戲對經濟和社會的影響力不斷壯大，電子競技正式成為運動競技的一種，但是操作上強調人與人之間的智力與反應對抗運動。1972 年《太空大戰》系列創下了最早電競比賽項目紀錄，號稱電競元年。2018 年亞洲運動

會添加了電子競技示範項目，當中分爲團體項目（英雄聯盟、世界足球競賽 2018、傳說對決）及個人項目（自由之翼、爐石戰記、皇室戰爭）各三項。亞洲奧林匹克理事會（OCA）於 2017 年 4 月 17 日宣布，電子競技將在 2022 年杭州亞運會成爲正式比賽項目。

韓國於 1997 年亞洲金融危機後開始扶持電競項目，因爲有著政府的支援，所以電子競技行業的早已取得與其它傳統行業同樣的社會認可，同時有著最完善及龐大的職業電競體系，韓國目前被認爲是電子競技最強的國家。中國的電子競技運動早在 2003 年就被中國國家體育總局列爲第 99 個正式體育運動項目。「中國電子競技運動會」（CEG）在 2004 年第一季揭幕。台灣則於 2018 年的大專校院運動會將英雄聯盟、爐石戰記列爲比賽項目；原來打電競的極致可當選國手，爲國爭光。「電競」爲大家公認爲「第九藝術」，已形成獨特的次文化；目前世界有 40 多個國家，將「電競」列爲正式運動項目。

((•)) 未來的新視界

查爾斯·昆拉特（Charles Coonradt）在 1984 年出版《享受工作》（*The Game of work*），探討在工作中加入遊戲

元素的價值，試圖讓手上的任務變得更引人入勝，更具激勵性，甚至更好玩。作者受此啓發，熱情地追求「讓遊戲更有意義」及「讓人生更有樂趣」，因而造就出當今最火紅的「遊戲化」產業。「愛玩」是人類的天性；因此，遊戲化後的工作和生活，愈好玩就愈有吸引力，所有的上班族都妄想：「假如工作像打電競」！這就是爲什麼職場會樂趣滿滿、動力全開，甚至上癮沉迷的祕密。

老師透過利用編訂教學遊戲軟體或電子課本，將教學的內容串聯遊戲或網上競技的方法引導學生進入「遊戲式學習」，帶出孩子主動學習、探索知識的樂趣與渴望；也就是採用遊戲化的方式進行學習，是目前比較流行的教學理論。學生會說出這樣的心聲：「玩中學，讓我更想學！」所有的學生族都妄想：「假如學習像打電競」！這就是爲什麼教室會動感十足、笑聲全開，師生笑翻天。

行動學習（Mobile learning）整合 AR（擴增實境）、VR（虛擬實境）技術和遊戲式學習，教師可在 google 地圖上設置行動學習教材並設定觸發距離，讓學生透過行動裝置 GPS 定位搭配 google map 指引，到特定地點進行探索和遊戲化學習，如同玩寶可夢（Pokemon GO）遊戲。學生到達老師指定的地方半徑範圍內，即可觸發讀取教材內容，也可以反向在 google 地圖上標註給予回饋。若想

進行更深入多元的遊戲化教學與行動學習整合，可開發 APP 遊戲，搭配地圖系統及資料庫，甚至結合 AR（擴增實境）或 VR（虛擬實境）技術，讓教學走出教室，為教育增添更多樂趣；2019 年 WHO（世界衛生組織）將過度使用手機而影響到日常生活的行為稱為遊戲疾患（gaming disorder），正式成為國際疾病分類項目之一；須將這個副效用的可能性降到最低。

第十三章

令人嚮往的 SMART 生活

所謂的「智慧生活」是整合通訊傳輸、雲端、巨量資訊等技術，發展智慧化服務、物流、新世代手持裝置、加速行動寬頻服務……等，結合創新夥伴、掌握市場機會、開發系統創新，以智慧科技回應人類對美好生活的需求。科技不外乎人性，科技研發的重點在於生活應用，為了促進便利、安全與舒適的生活，結合多元資源及跨領域研發技術，以生活為基點的思考模式，打造智慧化的友善科技。以前只能在科幻小說或電影才能想像的智慧生活，現在拜 5G 的百倍速時代之賜，「食衣住行育樂」之人生六大需求經過智慧化，形成多采多姿的人生。

((•)) 手機革命，一馬當先

第 1 支 4G 智慧型手機問世已有 5 年，5G 的網路科技呼之欲出，希望能在智慧型手機螢幕訊號旁看到 5G 的小字；5G 會比 4G 更快、更聰明、更不耗電，方便各種新的無線裝置，催生更多智慧住宅裝置，延長穿戴裝置的待電時間，甚至解決物聯網成本過高的問題。業界的共識是，2018 年冬季奧運會在南韓進行 5G 實驗，大規模部署會在 2020 年展開。Verizon 最想一馬當先，不過就算 Verizon 研發速度有多快，也要智慧型手機製造商和晶片廠

商跟得上、做得出收發 5G 訊號但價格不貴的晶片才行。Qualcomm 近年來積極與 OEM 廠商、營運商及基礎建設供應商合作，預計 2019 年底就會有 5G 終端產品，2020 年將產出第 1 支 5G 智慧型手機。但中興早在 2019.7.23. 搶到頭香，率先推出全中國第 1 支 5G 手機 Axon 10 Pro 5G 版（可能也是全球第 1 支）；可惜華為晚了 3 天才推出首款 5G 手機 Mate20 X，不過中興開放網路預購，3 天下來，在京東商城只賣出 300 支。沒有 5G 網路，買 5G 手機能做什麼呢？顯然消費者也不急著買單。

　　智慧手機目前已成不可或缺的生活必需品，智慧生活先從手機革命開始，韓國 Samsung 的 Galaxy S10e、S10 與 S10+，聲稱能夠適應你而不再勉強你適應它；它可學習你的使用習慣，改善與你互動的方式，甚至預載常用應用程式來預測需求，以便立刻開啟。它還會適應你的生活，減少藍光、切換至夜晚模式，讓雙眼準備入眠；入睡時若沒充電，手機會關閉非必要功能，延長電池續航力；坐進車內時，甚至能維持手機解鎖，持續播放音樂，簡直是貼心又貼身的小祕。

　　2016 年，法國的 Cicret 團隊曾設計出一款內建投影功能的智慧手環「Cicret Bracelet」概念機，可以在手臂上投射出大畫面，並藉由 8 個感應器進行瀏覽網頁資訊、玩遊

戲、傳訊息，甚至接聽電話等各項操作。Cicret Bracelet 智慧手環外觀採親膚塑膠材質，支援防水性能，並內建處理器、16GB／32GB 記憶體、低功率藍牙發射器、Wi-Fi 接收器、電池、LED 燈等。如果投影失焦、閃爍、產品的續航力……等狀況能徹底解決將會是一場手機大革命；但這個如天方夜譚的故事，卻撐不過一千零一夜，目前已經銷聲匿跡了。革命尚未成功，同志仍須努力！

((·)) 智慧生活，全民期待

　　智慧生活的推動，通常是由國家先訂定「智慧國家」政策，再由相關單位組成通訊產業推動小組，擬定具體做法草案，然後從「智慧城市」、「智慧社區」、「智慧家庭」到「智慧生活」，層層推展下去。近年來，光纖寬頻已是現今通訊產業的核心主軸，各國積極佈建 FTTx 寬頻網路，除了光纖寬頻基礎建設，更帶動國產網路設備及整合應用服務市場。教育單位會成立智慧生活科技系所，如美術與文創學系、智慧生活科技學系、智慧生活設計學系、攝影與 VR 設計學系，佛教藝術學系……等；久而久之，智慧生活的概念因而形成且深入人心。

　　資通信業者從很早以前就已經有針對豪宅的整合方

案：就是那種電影中，拿著一個遙控器就可操控家中一切的夢幻場景如中華電信 HiNet 會有這樣的廣告：「高品質光纖服務搭配超值上網費率，100M/100M 智慧生活方案，是您最佳選擇」。耕雲智慧生活科技股份有限公司，以無所不在的資通訊技術（ICT）服務內涵，及先進的智慧生活科技（Smart Living Technology）爲導向，擁有堅強技術研發陣容；不僅在應用軟體和整合性系統服務方面具備相當競爭優勢外，並積極推展「智慧生活」爲全民所期待。

　　資通信業者透過互信互利的聯盟運作，形成「智慧生活網」，提供國內有線、無線、光纖通訊、資訊產業、電信服務業及應用服務業之間的有效互動合作；並與政府單位、研究機構相關資源作緊密結合，運用通訊與資訊科技，藉以加速建構資訊、有線及無線通訊產業之發展。中興保全的「中保無限＋」（如附圖 13.1）聲稱：「每月只要 2,000元起，就可打造智慧宅」，也就是情境化連動家中設備，燈光調控、家電開啓一指搞定，無論何時何地，家中一切如：父母在家、孩子返家影像、瓦斯濃度偵測……等，都將從雲端傳至手機同步提醒，如有緊急狀況，還可立即派人趕赴現場處理；從現在開始就可享受智慧居家生活！

圖 13.1　中保無限＋，隨時顧你家

中保無限⚭智慧宅

24小時服務管制中心
隨時監控即刻提醒

無線燈控
氣氛達人

專業施工
品質保證

主動維持
舒適生活

無線傳輸
安全穩定

影像回報
跌倒偵測

24小時服務管制中心
隨時監控 即刻提醒

水位偵測
杜絕淹水

智慧連動
便利生活

安全防災
安心住家

資料來源：中保無限官網 http://smarthome.myvita.com.tw/

((•)) 軟化革新，優化創新

　　智慧時代競爭白熱化，全球軟實力持續優化創新，所有產業及大眾生活，正經歷一波「軟」革新。人工智慧和

物聯網將持續扮演重要角色，輔以大數據應用、雲端服務、端末機、邊緣運算……等宣告產業進軍智慧時代，改善民眾生活品質已是時代所趨。中華軟協和上聯展覽於 2018 年 7 月 6~9 日共同主辦「2018 智慧生活軟體應用展」，為了增進人民生活便利性，業者將智慧科技觸角衍生到「食、衣、住、行、育、樂」等六大需要，同時貼近大小家庭，有效觸及並擴大客群，透過豐富多元的呈現方式，促使大眾對軟體產業多樣化且具創新的解決方案深入了解，產生「智慧生活」的憧憬。

　　展覽主辦單位並首度結合智慧政府便民服務，智慧城市市政管理、展現物聯網有效串聯相關單位，提供一個暢通的管道，提高部會間的運作效能；運用最重要的關鍵科技軟體（AI、VR、AR）呈現未來的智慧生活。也就是智慧行政（Smart Administration）藉著人工智慧（AI）將智慧生活（Smart Living）和智慧商務（Smart Business）串聯成一個「智慧世界」。其中最令人印象深刻的是 FoodPanda、Uber Eats、人造肉、智慧衣和洗衣機、智慧住宅、無人車和無人機……等（如附表 13.1）。據說車聯網是 5G 的殺手級應用，而郭台銘滿腦子的 5G+8K，至於用 VR/AR 辦反毒科技展，頗有沉浸式的體驗教育效果。

表 13.1　SMART 生活的六大需要

類別	項目名稱	內容說明	備註
食	外送經濟 人造肉	外賣革命（美食外送）FoodPanda Uber Eats（2014年 Uber 的主要收入） 人造肉是真正的肉類	少子化 不婚族 頂客族 室內培育
衣	智慧衣 智慧洗衣機	戶外運動、工作環境……等 附加功能	XYZLife BCX
住	智慧住宅	智慧 3C 家電 居家安全監控保全 人臉辨識、聲控系統	掃地機器人 智慧門鎖、監視器 智慧插座、智慧音箱
行	AI 應用 車聯網 智慧停車 租車平台 網路叫車	汽車電動化及自動化無人車 電子後照鏡 飛天計程車（Fly Taxi）及空中道路 Fly-Drive（租車服務） 滴滴出行	5G 的殺手級運用 司機不用坐在機上而 是在地面遠端遙控 消滅車貸
育	5G AR/VR	智慧博物館 反毒科技展	永遠有新東西要學 毒品味覺體驗器
樂	5G+8K USBsyns	5G 影音應用 +8K 影像傳播 一對八檔案影像無線分享	台北流行音樂中心 設計的 USB 傳輸器

資料整理：顏長川

((·)) TOMATO 匠，是個好助理

「TOMATO 匠」是台灣工研院積極建構的一款介面設計簡單，符合使用者習慣的 APP，透過本身系統串接整合許多日常生活所需各方資訊的 APP，成為智慧生活助理，「食衣住行育樂」通通難不倒它。任何人完成註冊後，

首先看到的是首頁畫面（初次使用會有很人性的教學畫面），下面有 5 個圖標分別代表：蕃茄＝首頁、房子＝服務、人像＝我的工作、時鐘＝今日排程、齒輪＝設定；其中的服務分推薦（統一發票開獎號碼、比特幣、以太幣匯率、NASA 天文照片、Ubike 車位資訊……等）、分類 Ubike（Android 設備、APP 通知、Dropbox、email、Facebook、Evernote……等）和精選（天氣狀況、物聯網、社群平台、找優惠……等）三類，真是琳瑯滿目、美不勝收。

當國道高速公路有緊急狀況時馬上獲得通知、下周一中油油價變動本周日就知道、指定的 Ubike 車位有空時會 line 你、重要會議開會前手機會震動、每日的卡路里未達標時會有警告、292 公車還要幾分鐘就到仁愛國小站……等；有份意見調查顯示：消費者最期待的智慧生活六大功能依序為「串聯影音、代購商品、串聯家電、語音讀報、聲控叫車、AI 聊天」。想想看，這是多麼令人嚮往的 SMART 生活啊！相信不久的將來，每個人的手機都將變成萬能的小機器人，唯一的顧慮是因「人、機、網」互聯，「老大哥」（Big Brother）到處都是，毫無「個人隱私」可言；而「無人機」被歹徒用來炸油田，讓油價、金價、銀價漫天飛了。

第十四章

智慧生活的妙管家

人機交互的界面在一百年間已經走過了旋鈕、按鍵、觸摸到聲控；現在只靠一張嘴，便可直接喚醒音箱進行語音交談，實現真正「零觸控」或「動口不動手」。智慧音箱頂部配有 8 個麥克風，運用 Beam-forming 技術和遠場識別技術來定位音源，確保它可以聽清 5 米外消費者說出的每一句話；再加上多聲道回聲消除技術，過濾掉各種背景噪音，以便更準確地領會用戶指令。而自然語音更明顯將用戶群擴展到兒童和老人，他們無需複雜的學習就可以自如地控制智慧音箱，甚至號令各種智慧家電，享受智慧生活的樂趣，智慧音箱不愧是妙管家兼好幫手！

((•)) 開啟智慧生活的鑰匙

智慧音箱不僅能透過它操控家電，還能詢問它各種資訊，也能要它講故事、叫車、訂披薩……等，取代人類雙手邁向智慧家庭。根據 2018 年台灣智慧音箱調查報告，有 65% 的民眾未曾使用過任何一款相關產品，仍在啟蒙階段；2019 年全球智慧音箱出貨量將達到 9,525 萬台，年增 53%，台灣智慧音箱 2022 年預估，出貨量將突破 3 億台。

小米 AI 音箱的發布，令人有驚豔的感覺，它可以和其他小米智慧設備進行很好的互動，若是綁定米家 APP，

就可以隨時隨地控制家電，有種置身於未來客廳的感覺。小米 AI 音箱自身也有許多好玩的功能，比如可模仿各種動物的叫聲或在一句話下設置諸多功能如：「小愛！我回家了」，門鎖自動打開，家裡的燈都會大放光明，電視也會開啟，非常貼心；「小愛！我起床啦」，就會聽到今天的天氣，空氣品質，新聞……等。小米 AI 還有一個重要的功能：「水滴計劃」，下載了許多優秀應用程式如翻譯模式、成語接龍、說故事……等；只要「一句話」就把雙手給解放了，真好玩！

　　廠商有沒有建立自身的生態系統？有沒有完善的軟硬體支持？有沒有整合各種資源的能力？就是智慧生活的前提。蘋果的生態系統最完善，但是享受蘋果的科技產品的成本較高；小米是中國至今為止，最有話語權的一家廠商；早在人工智慧電視推出的時候，就已經可以支持一個遙控器控制整套智慧家居，這次小米 AI 音箱的加入，開放了一個新的平台來控制智慧家居生活。小米 AI 音箱的口號是「開啟智慧生活的鑰匙」，這一句話背後有小米 6,000萬智慧家居設備的數據和硬體支持，所以，小米做 AI 音箱，似乎是理所當然的事。

((•)) 智慧音箱的生態系統

「神隊友小布」是華碩的語音助理，由華碩具備豐富開發經驗的在地團隊所研發的智慧語音大腦，透過大數據、機器學習、自然語言處理等 AI 技術，配合使用情境分析，做到充分理解與智慧回應，提供使用者需求的資訊與服務，構成智慧音箱的生態系統（如附圖 14.1）。

圖 14.1　智慧音箱的生態系統

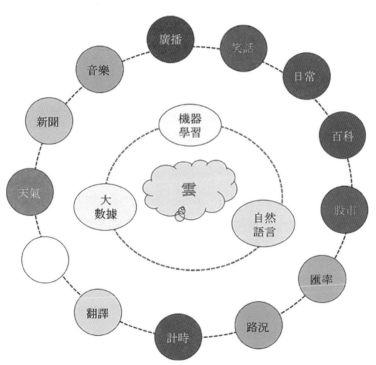

資料來源：華碩官網 https://www.asus.com/tw/

華碩語音助理搭載的技能以雲端架構設計，能提供快速支援、即時溝通、彈性開發的服務，滿足在地商務需求，可依需求提供各種語音和技能的客製化情境設計；而 360 度全方位音效，展現一致且均勻的高音質，帶來震撼渾厚的聽覺享受。

「神隊友小布」能用語音控制家電，可隨支援的家電品牌，因販售通路而有所差異；而支援品牌的設備與型號，正陸續增加中，也會詳細列表供消費者點選，讓家電能隨「聲」所欲，輕鬆享有智慧家庭的便利生活。

((·)) 智慧音箱的爭豔

台灣五大電信業者對智慧家庭商機相當有興趣，遠傳最早在 2018 年推出「大愛講」音箱，另外也推出「小愛講」、「小狐狸」系列，是台灣第一個推桌上型、隨身型音箱業者，提供音樂服務 friDay 音樂、KKBOX 雙平台讓用戶自由選擇；並與樂學有聲書獨家合作，收納中文有聲書庫。台灣大哥大尚未推出自有品牌，不過強調一定不會缺席；亞太電信選擇與小米、華碩合作銷售；台灣之星也已加入戰局，攜手華碩推 0 元方案（如附表 14.1）。

表 14.1　美中台智慧音箱一覽表

地區	產商	產品	功能表	外觀特點	備註
美國	Google	home	日曆、購物清單、計劃表、飛機航班查詢、快遞查詢……等	複雜的雲算法揚聲器（2→7個的效果）	多房間音頻功能本土化的需求
	Amazon	Echo	可以幫用戶叫車、陪用戶玩遊戲、訂外賣……等	水杯造型重心不太穩	智能家居中轉器本土化的需求
	Apple	HomePod	有獲取天氣、新聞和交通等熱點信息 +HomeKit 可搜索查詢需要的內容 喚醒 siri 可幫你幹活	渾圓的柱球體適合擺家庭中	尚未上市的產品買蘋果的全家桶價格成本較高
中國	Alibaba	天貓精靈	科技潮酷，給世界點顏色看看播音樂、叫外賣、查天氣、設鬧鐘、智能家電操控……等語音進行交互，聲紋進行支付	有靈氣的 Led 燈、小巧玲瓏	目前只可充話費使用而已！
	小米	AI 音箱（小愛同學）	開啟智能家庭的鑰匙 「我起床啦」：今天天氣，空氣品質，新聞……等 「我回家了」：家裡的燈會開啟，電視也會開啟 「水滴計畫」：翻譯模式，成語接龍，故事大會……等	極其富有設計感外形簡潔素雅渾圓的一體白色	中規中矩像一個擺件增加客廳的娛樂性
	京東	叮咚	「叮咚叮咚」 幫叫車、陪玩遊戲、訂外賣……等 支持音樂+電台聽新聞、講笑話 通過語音控制，如智能電燈、智能插座……等	笨重不太穩的感覺	沒有那種讓人驚訝的感覺。
台灣	華碩	神隊友小布	為你而聲，語你同在能提供快速支援即時溝通彈性開發的服務	圓柱形設計白色機身加紫灰色網孔簡約設計	用語音控制家電讓家電能隨「聲」所欲
	遠傳電信	大愛講小愛講小狐狸	聽你說為你做一講就通，一說就懂一問就知，一聲就控	精巧設計亮眼有型	忙碌父母小幫手孩子溝通最暢通全家上網好選擇
	中華電信	i bobby（寶貝）	和美好的未來對話可聲控 MOD 頻道轉台及指定播放內容影音娛樂、教育學習、新聞時事及生活資訊……等	直立型小台圓形彎月型	結合 MOD 聲控遙控器採開放性策略全方位的聲控服務平台

資料整理：顏長川

中華電信數據分公司總經理林榮賜認為，台灣少有自主研發聲控平台的智慧音箱，而和華碩相比，中華的優勢在於「自然語音」和「延伸性」，除了讓消費者講台語或台灣國語也能被聽得懂；建立一套測試制度，能幫助業者快速「智慧化」。至於聲控電燈、除濕機、風扇……等產品，也可透過「i 寶貝！我要出門了」指令，一次搞定。

　　各大品牌要從內容面突圍，難度相當高，KKBOX 至少已和五家智慧音箱品牌合作，拉攏的教育、新聞、股票、音樂夥伴……等內容相去不遠。相較之下，中華電信推出聲音操控 MOD 功能，希望透過「電視」提供誘因，搭配光世代、4G 上網資費銷售；但聲控功能每月需額外付 99 元月租費，是否能帶動購買效益，仍需觀察？不過，若 MOD 目前的 205 萬用戶裡，有一定比例用戶願意嘗試，就可快速增加 i 寶貝的銷售數字。

((·)) 妙管家兼好幫手

　　美國智慧音箱已經推了 5、6 年，卻未形成主流的使用行為，最主要是「內容」問題，這個市場需要被教育。中國智慧音箱山頭鼎立，阿里巴巴的「天貓精靈」、京東的「叮咚」、小米的「小愛同學」……等產品，都有一定

成熟度。台灣智慧音箱的供給者，從遠傳「問問」智慧音箱，到華碩「神隊友小布」、小米 AI 音箱及中華電信「i寶貝」，一時之間，市場好不熱鬧，但消費者反應普普。市場目前尚屬萌芽期，銷售量還不多，業者仍需努力！

智慧音箱的喚起功能，是啓動各種服務的關鍵，儘管 Amazon 或 Google 音箱銷售量最大，但主要仍以歐美市場爲主，中國或台灣在地化智慧音箱仍有歐美大廠服務不到的空間。在此市場的三大關鍵勝出因素爲：「自然語言」、「本土化服務」、「落實資訊安全」。而台灣的語言表達南腔北調最複雜，有國語、台灣國語、閩南話、客家話，有時還夾雜英文和流行語，年輕人喜歡說「晶晶體」、寫「火星文」；必須針對許多詞語做調整，光是地名列表就費一番工夫。澳洲城市雪梨（Sydney），台灣叫「雪梨」，中國則稱「悉尼」；台灣說「叫計程車」，中國則稱「打的」，這些都必須校正；這些問題解決後，一切都智慧化了！

美、中、台的智慧音箱市場可說是百家爭鳴，百花齊放，消費者應已用得駕輕就熟，智慧音箱的生態系將愈來愈複雜。手機、萬能小機器人或智慧音箱，到底誰能成爲一家之主？尙待最後的肉搏，但妙管家兼好幫手，就非智慧音箱莫屬了。

第十五章

你可以活到 150 歲

古今中外的傳聞中，秦始皇希望能長生不老，甚至還想帶著「秦俑」繼續到地下稱王；彭祖是南極仙翁轉世，活到 820 歲；清代李清雲鑽研養生，竟活了 257 歲。人類獲得認證的最長壽的人是法國珍·露易絲·卡洛蒙（Jeanne Louise Calment），活到 122 歲；宋美齡也有一套活到 106 歲的養生祕訣；張群則用一套順口溜自勉：「70 才開始、80 滿街走、90 笑嘻嘻、100 方夠本」；現年 78 歲的安藤忠雄向世人宣稱：「我要工作到 100 歲」；現年也是 78 歲的卓永財則開玩笑地說：「打算工作到 120 歲」。顯然，「長命百歲」是每個人的「願望」。

(((•))) 想長命，先除惡習

聽說捷克是全世界最不健康的國家，抽菸喝酒是主要原因，抽菸世界排名第 11，喝酒世界排名第五，可以想像捷克有很多癮君子和酒鬼。日本人「過勞死」是出了名的（2005 年有 330 起過勞死），正式的學名是「心因性猝死」，問題出在工作性質與壓力、生活方式和人格特質，吸菸和三高是危險因子；日本又是嗜酒且高齡化的社會（每 7 人就有一位是 65 歲以上的老人），愛喝酒的人，發生中風、心臟衰竭……等症狀的機率較高，大家都知道：「貪

杯活不久」！偏偏就愛嗆：「千杯不醉」！

　　數位時代的電腦遊戲、桌遊、手遊、電玩⋯⋯等活動，若於公餘之暇，偶爾打打紓紓壓，有益於身心健康；但若失控，甚至沉迷於網路中不克自拔，時間一久，就會產生紊亂的睡眠模式、不健康飲食、運動不足，心理不健康，甚至有挑釁社會行為。此現象若持續一年以上會被診斷為罹病，若長時間黏著螢幕，幼童讀、說的能力會變差；世界衛生組織（WHO）已把「電玩失調」納入「精神疾病」。打電玩成癮（Game Disorder）可以看成像在吸食「數位海洛因」（Digital Heroine），全球約 26 億個電玩玩家宜特別謹慎小心！目前日本很流行一個人到深山、海邊、極地的祕境去旅遊，進行「數位排毒」（Digital detox）。

　　醫學專家告訴大家：「細胞數量耗損、細胞老化但抗拒凋零、細胞間蛋白質形成交錯連結、細胞內外廢棄物累積、粒線體基因突變、引發癌症的細胞核基因突變⋯⋯等」是人類老化的罪魁禍首；營養學家提出警告：「鹽、人工甜味、油炸食物、碳水化合物（糖）、辛辣食物、紅肉、酒」是七種殺手級食物；養生專家認為想要長壽，除了「戒菸、戒酒、戒數位癮」外，還要革除「損腦」的惡習如：久坐、不動腦、長期高壓、居所靠近高速公路⋯⋯等。年紀漸長，除了要預防天生的「失智」外，人為的「失智」也要嚴加

防範！

((⸱)) 要百歲，再防失智

「失智症」（Dementia）是腦部疾病的其中一類，會導致思考能力和記憶力長期而逐漸地退化，並使個人日常生活功能受到影響。「失智」似乎是年長的人必走之路，65 歲以上，每 12 人約有 1 人患有失智症，全球每 3 秒鐘就會增加一個失智老人；而帕金森氏症和阿茲海默症則是其中兩種惡名昭彰的失智病；可說是老年人的兩大天敵，最可憐的是同時罹患兩症的老人，心智功能會急遽退化！可能一夜之間，判若兩人，父子竟形同陌路人？

帕金森氏症（Parkinson's disease，簡稱 PD）是一種影響中樞神經系統的慢性神經退化疾病，主要影響運動神經系統，早期最明顯的症狀為顫抖、肢體僵硬、運動功能減退和步態異常，也可能有認知和行為問題；其它伴隨的症狀包括知覺、睡眠、情緒問題。2015 年，全球約有 620 萬人患有帕金森氏症，並造成約 12 萬人死亡；帕金森氏症通常發生在 60 歲以上的老人。阿茲海默症（Alzheimer's disease，簡稱 AD），俗稱老年痴呆，是一種發病進程緩慢、隨著時間不斷惡化的神經退化性疾病，此病症占了失

智症的六到七成，最常見的早期症狀為喪失短期記憶，當疾病逐漸進展，語言障礙、定向障礙、情緒不穩、喪失動機、無法自理的症狀和許多行為問題會一一出現。當情況惡化時，患者往往會因此和家庭或社會脫節，並逐漸喪失身體機能，最終導致死亡。2015 年，全球大約有 2,980 萬人罹患阿茲海默症，造成約 190 萬人死亡，發病年齡一般在 65 歲以上，是耗費最多社會資源的一種疾病。

美國加州大學洛杉磯分校記憶臨床中心與老化研究中心主任斯默爾（Gary Small）提倡「記憶」的四大處方，不只為了未來不要失智，效果更在「當下」，馬上覺得心情比較好，思考也比較清晰，其要點如下：

⑴心智活動——促進腦細胞的健康和成長如：拼布、數獨、填字遊戲、木工、編織，或是學習一個新語言……等。

⑵體能活動——有氧運動對大腦好如：健走、慢跑、游泳、舞蹈……等。

⑶紓解壓力——設法讓自己放鬆進而好好睡一覺如：運動、瑜伽、冥想、太極拳，按摩……等。

⑷健腦飲食——勇於減肥如：吃少一點、吃對的油、高脂魚，蔬果、糙米、全麥麵包……等。

((·)) 醫食同源，食補養生

人生八大需要（六加二）——「食衣住行育樂＋醫養」，除了傳統的人生六大需要外，現在及未來的人類需要特別注重醫療和養生，才能長命百歲。OSIM 按摩椅的一句廣告詞令人印象深刻：「壓力是人生最好的按摩！」適當的壓力可讓身體在短暫受壓過程中，增加身體再遭受疾病襲擊時的忍受力，有助於抗老抗病，可說是一種好壓力。其實壓力暗藏著健康的九大殺手如：減損腦部功能、縮短生命、提高心臟病發作風險、罹患糖尿病風險、誘發慢性疾病、讓人容易傷風感冒、影響懷孕結果、觸發憂鬱症、故意讓毒癮復發……等，「如何紓壓」成為一門顯學。

每個人都有自己的紓壓方式，各有巧妙不同；如果用吃的就能夠減壓，那就再簡單不過了，營養學家建議的「黑巧克力、杏仁、菠菜、火雞肉、燕麥片、甘藷、優格、蘆筍、酪梨、藍莓」是有助紓壓的 10 種食物；其中吃黑巧克力有顯著緩解壓力、焦慮和其他抑鬱症狀的功能，感到有壓力時，不妨抓兩塊來吃吃！有一份「誠實研究」的報告：「說真話 365 天，受試前的壓力產生的身體病痛會減輕，抱怨、緊張……等心理狀態也會相對減少」；冥想的人對疼痛的敏感度低，因為靜心狀態能使人更清晰地處

理情緒、提升記憶力和認知力，甚至可改善夫妻生活質量。

　　德國人愛吃大蒜、喝水果綠茶、每周五吃魚、從小喝牛奶、站比坐多、傳統愛好散步、不比吃穿、會自我放鬆、休息日不能被打擾、退休也不閒著、不隨便買藥吃；冥冥中符合長壽的祕訣：「良好的生活和飲食習慣、充足的睡眠（6 小時）、適度的運動、開朗的心情」；若能再確實執行唐代藥王孫思邈的養生祕笈：「頭常搖、髮常梳、目常運、耳常鼓、齒常扣、漱玉津、面常洗、腰常擺、腹常揉、攝谷道（提肛）、膝常扭、腳常搓、常散步」，就能達到「醫食同源、食補養生」的境界；若再奉行「重量訓練」和「日行萬步」的鐵律，就能「吃百二」了。

((⋅⋅)) ▲ 智慧醫療，精準健康

　　當物聯網、大數據、人工智慧及行動平台等 ICT 技術應用於醫療產業，將可打造「醫療 4.0」（智慧醫療），其所產生的巨量資料經過標記與分析，連接醫院與家庭，將個人資訊與醫院需要的資訊進行對接，透過機器學習可即時產出相關資訊提供給醫護團隊，增加決策正確性；透過數據分析，能降低病人風險；透過感測技術，提升手術的效率……等；進一步提升醫療品質，最重要的是可望節

省 60~70%的醫療支出費用。如果能把焦點專注在紅海再轉向藍海，也就是從「精準醫療」（病後復建），再轉向「精準健康」（病前預防），這是大健康產業的大趨勢，而「消費級基因檢測」將是驅動大健康產業成長的利基。

智慧醫療的罩門是「資安」問題，但一般醫療機構資安投資不足，卻又有龐大的現金流，是駭客眼中的肥羊。有些狠心的駭客入侵醫院電腦，會將病歷資料封鎖讓醫師無法閱讀，威脅若不付虛擬貨幣就要把資料銷毀；有些超級駭客還能更改醫療影像內容，造成醫療決定的錯誤；美國衛福部及 FDA 對於醫療機構應具備的資安標準、管理流程及醫療資安設計，也有清楚的行政指引，以確保「SMART Hospital」的金字招牌。

根據調研機構 Frost & Sullivan 調查，目前約有 60％的醫療院所已採用物聯網技術，朝向醫療物聯網（Internet of Medical Things，簡稱 IoMT）邁進；第五代無線通訊技術（5G）加上人工智慧（AI）及大數據（Big Data）的應用，將重塑醫照產業，尤其對臨床診斷、遠距照護、病歷資料，甚至是民眾到醫院的就診型態，都會帶來重大改變，建構醫病新關係，醫療物聯網進入個人化時代（如附表 15.1）。

表 15.1　醫療物聯網及個人化

類別	5G	醫療應用	備註
高、廣、低	高頻寬（eMBB）	實現遠距診斷	視訊、數據品質比 4G 更優異
	廣連結（mMTC）	診斷設備＋穿戴裝置	醫療物聯網（IoMT）
	低延遲（uRLLC）	醫療資訊系統（HIS）醫學影像存檔與通訊系統	大幅提升資料傳輸、儲存效率
大、人、物	大數據（Big Data）	IoMT 系統能事先提供病患生命體徵、病歷資料	醫療個人化
	人工智慧（AI）	診斷時，搭配 AI 機器學習透過遠距視訊教學	診斷時→確診後續的照護、復健
	物聯網（IoT）	個人電子健康紀錄（HER）藉由雲端給附近診所	就近回診、拿藥

資料整理：顏長川

((ㄧ)) 你可以活到 150 歲

　　《明日醫學》曾經報導很多生技公司都努力在做「長壽」研究，發展清除已經衰老細胞的技術以便能延年益壽，最好能讓人「90歲時感覺如50歲、120歲仍是一尾活龍」，最後得出一個結論：「人類可以活到200歲」；與某生物學家的觀點：「人的自然壽命是150~200歲」不謀而合。

蘇俄科學家發現西伯利亞的永凍層有存活 350 萬年的細菌（Bacillus F）──F 芽袍桿菌，把自己當白老鼠，注射 F 芽袍桿菌，人不但變猛也不再生病，似乎找到破解永生之謎的 Key？不要忘了，《聖經》中的諾亞曾活到 600 歲，聽說當時人的壽命可達 900 歲！

聯合國世界衛生組織（WHO），經過對全球人體素質和平均壽命進行測定，對年齡劃分標準作出了新的規定，將人的一生分為五個年齡段：未成年人（0~17 歲）、青年人（18~65 歲）、中年人（66~79 歲）、老年人（80~99 歲）、長壽老人（100 歲以上）。原來 65 歲就「被退休」的人才剛步入中年階段，沒有 80 歲不能稱老；昔日 23 歲的「荒野大鏢客」變成今日 90 歲的「賭命運轉手」的克林伊斯威特，35 歲扮演藍波流出「第一滴血」到 72 歲流出「最後一滴血」的席維斯史特龍，這兩位銀幕鐵漢是很多老人的偶像。聽說中國 301 醫院已有具體方法可把人類的壽命延長到 150 歲，那麼你可以「甲百五」再也不是天方夜譚。

案例

《明日醫學》— 迎接無病新世紀

　　數位醫療時代正式啟動，不斷進化的醫療技術將產生一場醫療革命，帶來一片醫療新世界；是基因科技新時代的黎明時刻，抑或是擊潰社會正義的黑暗時代？關鍵就在於我們抱持何種態度，以及對這場醫療革命的認識多寡！治癒阿茲海默症、帕金森症、戰勝癌症、多活數十年、基因操控、製造人工器官、把人腦與機器連結⋯⋯等科幻小説的情節一一浮現，《星際爭霸戰》、《艾莉塔》不再只是好看的電影而已，運用新技術解碼並重寫人類命運的未來，近在咫尺，且拭目以待。

　　在矽谷，這個向來被視為孕育超凡理念、改變世界發展的完美溫床，一場撼動人類生命的重大變革已鋪天蓋地襲來：這回是醫學發展上的一波新高峰。科技巨擘如 Google、微軟、Facebook 和 IBM，以及無以計數的新創公司，藉由演算法、人工智慧與大數據分析等快速發展的新技術，正爭相致力於為個人量身打造完美

的診療方法，除了要在這個全球商機上兆的領域奪得一席之地，更要引領眾人前往一個更健康且更長壽的無病時代。

影像辨識、AI 深度學習、大數據分析、穿戴裝置……等新科技＋醫療技術，讓醫師和病人可以聯手對抗各種疾病；「基因剪刀」（CRISPR）可用來治癒失明、訂製寶寶、遏止傳染病……等；3D 列印能製造人工器官，不必再苦等捐贈；合成精子及卵子，未來生命很可能完全於實驗室中誕生；植入大腦的晶片可直接心電感應，什麼都不必說；藉由尋找隱藏在年輕血液之中，和老化相關的生物標記，或是運用幹細胞讓身體重開機，也許未來人人都能健康地活到兩百歲。

湯瑪斯・舒茲（Thomas Schulz）自二〇一八年初起，以《明鏡週刊》報導記者身分，撰寫科技發展的風險與機會，以及數位革命對於社會、政治與文化影響相關報導。舒茲在《明日醫學》中以淺顯直白的方式介紹醫療、科技的專業知識和發展，非專業人士也能閱讀；闡述各種彷彿來自幻想的先進技術，說明未來醫學將為我們每個人帶來何種機會與風險，更不忘大聲疾呼，眾人應一併思索與面對那些隨之而來、在政經與醫療政策方面的各方衝擊與挑戰。

這場醫療革命將導致未來療程更加客製化，其費用卻也將愈發高昂；基因編輯得以讓嬰兒免於先天疾病的傷害，但是否會產生副作用卻未可知；為了讓治療更加精確而提供的個資，是否有被濫用的疑慮？道德底線該設在何處？遙望未來，無論是政府、企業或個人，都得去設想不斷進化的醫療技術將產生的衝擊與課業，唯有調整至正確的發展方向，才能自這個即將開展的醫療新世界中受益。

　　秦始皇若早知道有這麼一條簡單的「長生不老方程式」（無病新世紀＝終結絕症 × 訂製基因 × 永生不死），就不用大費周章、勞師動眾地把「秦俑們」帶到地底下去了。

5G 時代大未來：利用大數據打造智慧生活與競爭優勢 / 顏長川作 . -- 初版 . -- 臺北市 : 時報文化 , 2020.01

面； 公分 . -- (BIG；322)

ISBN 978-957-13-6559-6(平裝)

1. 無線電通訊業 2. 技術發展 3. 產業發展

484.6 108022506

ISBN 978-957-13-6559-6

Printed in Taiwan

BIG 322

5G 時代大未來：利用大數據打造智慧生活與競爭優勢

作者 顏長川 ｜ 特約編輯 陳文君 ｜ 責任編輯 謝翠鈺 ｜ 行銷企劃 江季勳 ｜ 封面設計 陳文德 美術編輯 趙小芳 ｜ 董事長 趙政岷 ｜ 出版者 時報文化出版企業股份有限公司 108019 台北市和平西 路三段 240 號 7 樓 發行專線— (02)2306-6842 讀者服務專線— 0800-231-705・(02)2304-7103 讀者服務 傳眞 (02)2304-6858 郵撥— 19344724 時報文化出版公司 信箱— 10899 台北華江橋郵局第 99 信箱 時 報悅讀網— http://www.readingtimes.com.tw 法律顧問 理律法律事務所 陳長文律師、李念祖律師 ｜ 印刷 盈昌印刷有限公司 ｜ 初版一刷 2020 年 1 月 17 日 ｜ 初版二刷 2021 年 11 月 29 日 ｜ 定價 新台幣 320 元 ｜ 缺頁或破損的書，請寄回更換

時報文化出版公司成立於 1975 年，並於 1999 年股票上櫃公開發行， 於 2008 年脫離中時集團非屬旺中，以「尊重智慧與創意的文化事業」為信念。